천문학의 역사

The History of Astronomy 역사

천문학의 역사

The History of Astronomy

머리말

　다른 과학 분야와 비교할 때 천문학의 역사는 매우 길다. 따라서 천문학은 인류 역사상 가장 오래된 과학이라고 할 수 있다. 아울러 인류 역사상 가장 먼저 탄생한 정밀과학이기도 하다. 천문학이 탄생하고 발전한 배경은 다음 두 가지 면에서 생각해 볼 수 있다. 첫째 고대 사회의 방향 판단, 기상 관측 및 시간 알리기, 달력 제정 등 매우 현실적인 필요성 때문이다. 둘째 천문현상과 인간사의 신비로운 관계를 밝히려는 점성술 때문이었다. 고대 메소포타미아인과 이집트인, 인도인과 중국인은 인류 최초로 역사의 무대를 차지했으며 이후 전 세계에 커다란 영향을 미쳤다. 또한 그들이 남긴 훌륭한 성과물은 천문학 발전에 참고할 만한 중요한 가치가 있다.

　고대 그리스 시대의 천문학은 주로 경험을 토대로 하나의 과학으로 성장했다. 그들은 연역법과 추리, 사물의 근본을 끝까지 추구하는 태도를 바탕으로 우주를 심도 있고 치밀하게 인식했다. 그리고 이러한 인식은 르네상스 시대의 유럽에 그대로 받아들여졌다.

　16세기 코페르니쿠스가 주장한 태양중심설을 시작으로 천문학은 비약적으로 발전했다. 이에 앞서 천문학을 포함한 자연과학 전체는 종교신학의 엄격한 속박을 받고 있었다. 하지만 코페르니쿠스의 지동설은 종교의 구속에서 벗어났으며,

천문학은 그 후 반세기 동안 천체의 위치와 운동을 묘사하는 전통적인 천체측량학에서 이런 운동역학 메커니즘을 규명하는 천체역학으로 방향을 전환했다. 이 과정에서 티코 브라헤, 케플러, 갈릴레이, 후크, 하위헌스, 뉴턴, 핼리 등 훌륭한 천문학자들이 근대 천문학 발전에 기여했다.

특히 갈릴레이는 자신이 만든 천체망원경을 이용하여 1609년 천체를 관측했는데, 이는 천문학이 신체의 감각기관을 이용하던 기존 방식에서 벗어나 망원경 등 각종 첨단 기기를 이용하여 관측하고 천문현상을 연구하는 새로운 시대로 접어들었음을 보여준다. 그리고 인류 역사상 가장 지혜로운 천재 과학자의 한 사람인 뉴턴은 자신의 명저 《프린키피아》를 발표하면서 '고전역학 시대'를 활짝 열었으며 그 후 18세기, 19세기에 고전 천체역학은 최전성기를 맞았다.

아울러 분광학, 광도학光度學, 사진술이 널리 쓰이면서 천문학은 천체의 물리적 구조와 물리 과정을 깊이 있게 연구하는 방향으로 발전하여 천체물리학이 탄생했다. 20세기에 들어서 고도로 발전한 현대물리학과 기술이 천체의 관측과 연구에 광범위하게 사용되면서, 천체물리학은 천문학의 주류 학문으로 성장했다. 동시에 고전 천체역학과 천체측량학도 새롭게 발전했다. 이를 통해 인류는 우주와 우주 공간의 각 천체 및 천문현상을 더없이 깊고 넓게 인식할 수 있었다.

우주는 어디에서 탄생했고 언제쯤 사라질까? 생명은 언제 어에서 출현했을까? 지구는 우주 공간에서 유일하게 생명이 존재하는 외로운 배인가? 만약 그렇지 않다면 우리는 언제쯤 우리의 이웃을 발견할 수 있을까? 이 모든 문제에 답하기 위해 미래의 천문학자들은 한층 더 열심히 연구하고 탐색해야 할 것이다. 물론 우리가 만족할 만한 답을 얻을 수 있을지는 현재로서는 알 수 없다. 다만 그 날을 손꼽아 기다릴 뿐이다!

차례

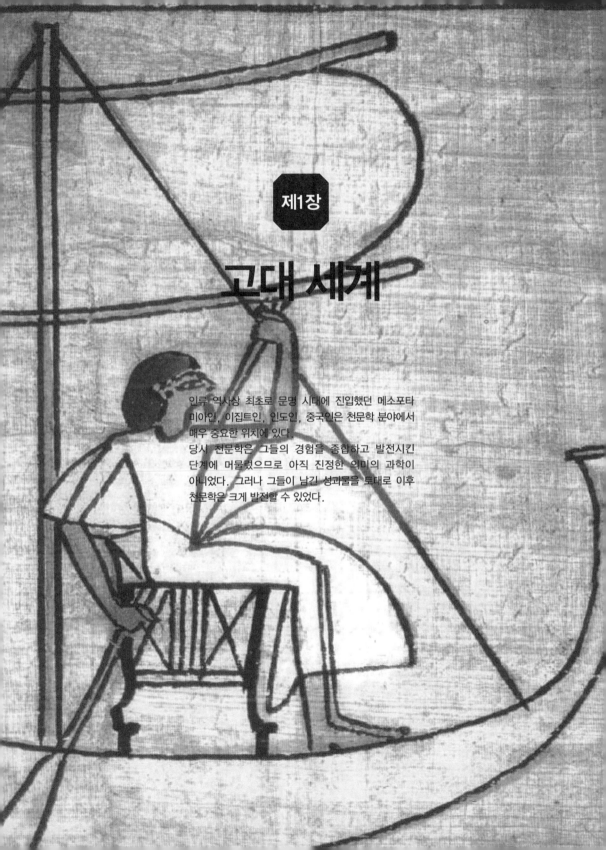

제1장

고대 세계

인류 역사상 최초로 문명 시대에 진입했던 메소포타미아인, 이집트인, 인도인, 중국인은 천문학 분야에서 매우 중요한 위치에 있다.

당시 천문학은 그들의 경험을 종합하고 발전시킨 단계에 머물렀으므로 아직 진정한 의미의 과학이 아니었다. 그러나 그들이 남긴 성과물을 토대로 이후 천문학은 크게 발전할 수 있었다.

티그리스 - 유프라테스 강
유역의 천문학

메소포타미아의 경계석(境界石)
가운데 부분에는 황도 12궁에 속하
는 전갈과 사자가 있다. 꼭대기의 문
양은 각각 태양, 달, 금성이다.

고대 티그리스-유프라테스 강 유역은 가장 오래된 인류 문명의 발상지 가운데 하나이다. 수천 년에 걸쳐 발전하는 과정에서 고대 메소포타미아 지역은 전란이 끊이지 않았다. 때때로 일시적인 평화를 맞이하기도 했지만 이 지역은 지리적, 민족적 특수성으로 인해 항상 분쟁이 잦았다. 티그리스-유프라테스 강 유역의 고대인은 여러 직·간접적 방식으로 주변 민족과 광범위하고 빈번하게 교류했다. 특히 티그리스-유프라테스 강 유역의 우수한 문화를 접한 뒤 이에 크게 매료된 주변 민족은 점차 이들 문화를 받아들여 사용했다.

숫자와 마찬가지로 최초의 천문학 역시 농경과 인간의 생존을 위한 활동 과정에서 탄생했다. 사람들은 천문 관측을 통해 농사 시기를 계산할 필요성을 느꼈다. 고대 티그리스-유프라테스 강 유역은 1년 중 8개월 동안 구름 없이 맑은 날이 계속되었기 때문에 천문 관측에 더없이 적합했다. 관측대는 일반적으로 7층 탑의 맨 위층 평평한 곳에 만들었는데, 점성占星 사제는 관측대 꼭대기에 올라가 천체의 운행을 관측하고 많은 천문 자료를 남겼다. 티그리스-유프라테스 강 유역의 사원 대부분은 도서관을 세우고 수많은 천문학 자료와 점성학 문헌을 수집했다.

티그리스-유프라테스 강 유역의 천문학 발전은 점성술의 성행과 밀접한 관련이 있다. 이 지역 천문학자들은 육안으로 관측한 별을 기록하고 이름을 붙인 다음, 이들을 크게 세 부분으로 나눴다. 그러고는 대기의 신 엔릴Enlil(수메르 신화에 나오는 최고신. 아누, 에아와 함께 삼체 일좌를 이룬다.)에게 별자리 33개를, 하늘의 신 아누Anu에게 별자리 23개를, 물의 신 에아Ea에게 별자리 15개를 할당했다. 그들은 한 걸음 더 나아가 밤하늘의 별자리를 게자리, 전갈자리 등과 같이 하늘에서 움직이는 태양의 궤도에 위치한 별자리, 즉 '황도 12궁黃道12宮(Signs of Zodiac)'으로 나눴다. 점성술사는 이 별자리를 이용하여 미래를 예측했고 길흉화복을 점쳤다.

메소포타미아의 천문학자는 행성과 항성(즉, '별')을 구분할 수 있었는데 행성을 '길들여지지 않은 산양山羊', 항성을 '길들여진 산양'이라고 비유했다. 그들은 다섯 행성의 운행 궤도를 매우 정확히 계산했으며, 태양이 움직이는 황도권黃道圈을 '태양 궤도', 달이 움직이는 길을 '달 궤도'라고 불렀다. 또한 별자리 사이의 거리를 다음 세 가지 방식으로 측정했다.

시간 측정법 물시계에서 흘러나오는 물의 무게를 이용하여 동일한 자오선子午線(천구상에서 천구의 북극 및 남극과 천정의 어떤 지점을 연결한 큰 원)에 위치한 두 항성 간의 이동 시간을 측정한다. 물 1달란트(고대 서아시아와 그리스에서 사용한 무게와 화폐의 단위로 무게의 경우 약 34kg이다. 1달란트는 60미나) = 1항성일恒星日('춘분점이 한 자오선을 지난 뒤 다시 동일한 자오선을 지날 때까지 걸리는 시간'으로 약 23시간 56분 4초)이다. 문헌에는 '감투Gamtu에서 쌍둥이자리까지 거리는 물 25미나'라고 기록되어 있다.

호도弧度(호의 중심각) 측정법 이 방법은 시간 측정법에서 유래했다. 기록 단위는 도(°)이며, 서로 평행한 궤도에 위치한 두 별의 거리를 원 중심각의 1분分 또는 1항성일 중에 3개 시간 단위를 이용하여 표시한다. 바빌로니아인들은 오랫동안 호도 측정법의 단위로서 ges와 시간의 단위로서 ges를 구분하지 않았다. '쌍둥이자리에 위치한 금성에서의 지면 거리는 5도'라는 기록이 있다.

길이 측정법 지면 위에 일정한 비율로 가상의 원을 그린 다음, 그것을 이용하여 실제 하늘의 별과 별 사이 거리를 나타낸다. 예를 들어 단나Danna(현재 이스라엘 북부에 위치한 마을) = 1/12, gesina9a99ari = 1/360이므로, 이를 이용하여 북회귀선北回歸線(북위 23도 27분을 이은 선으로 하지에 태양이 남중했을 때 고도가 90°가 된다.)의 길이를 692만 8,416km로 측정했다.

고대 메소포타미아의 천문학자는 이밖에도 특수한 천문 현상인 혜성, 유성, 무지개, 태풍, 지진, 일식, 월식 등을 연구하는 데 노력했다. 그들이 남긴 천문학 문헌은 위 현상의 관측 과정뿐 아니라 계산 결과까지 기록하고 있으며, 심지어 달의

가장 오래된 메소포타미아의 천문 관측 기록

만들어진 시기는 바빌로니아 제1왕조(아모리 왕조)의 제10대 왕 암미사두카(Ammisaduqa, B.C. 1582~1562) 시대이며, 당시 사용하던 태양력에 따라 금성이 나타나고 사라진 현상 등을 점토판 위에 기록했다.

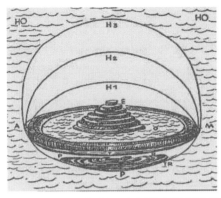

고대 메소포타미아인이 생각한 우주

이동 속도, 태양과 달이 날마다 이동한 거리와 위치 등도 수록하고 있다.

아시리아^{Assyria}(셈계 아시리아인이 티그리스-유프라테스 강 유역에 세운 노예제 왕국. 기원전 2000년대 초기, 아수르를 중심으로 도시국가를 형성했다.)인은 우리가 살고 있는 지구가 구(球)라는 사실을 이미 알고 있었으며 '하늘은 대지를 덮고 있는 잔 뚜껑'이라고 생각했다. 대지 주변의 높은 산에는 구멍이 두 개 나 있는데, 하나는 태양이 솟아오르는 곳이고, 또 하나는 태양이 지는 곳이다. 태양이 지고 나서 다시 떠오를 때까지 이동 궤도에 관해 두 가지 설이 있다. 하나는 태양이 낮과 동일하게 원형 궤도를 그리며 지구 바깥을 돈다는 주장이고, 또 하나는 태양이 지구 반대쪽 지하 세계를 뚫고 이동한다는 주장이다. 이처럼 티그리스-유프라테스 강 유역의 고대인은 태양과 지구의 관계, 지구의 자전 및 공전 등을 명확히 인식하지 못했다.

오랜 천문 관측을 통해 수메르^{Sumer}(티그리스-유프라테스 강 유역에 위치

바빌로니아 시대의 점토판
핼리혜성의 구체적인 위치가 기록되어 있다.

한 메소포타미아 지역의 남쪽 부분. 후에 바빌로니아가 됨)인은 자신만의 역법인 태양력太陽曆을 만들었다. 그들은 달의 움직임을 토대로 1년을 몇 개월로 나누었고, 태양년과 맞추기 위해 일정 기간마다 윤달을 하나씩 넣었다. 역법은 함무라비 왕조에 이르러 통일되었다. 즉, 1년을 12개월로 나누었고, 6개월은 29일씩이고 나머지 6개월은 30일씩으로 정하여 모두 354일이었다. 이는 지구가 태양을 한 바퀴 도는 실제 시간과 11일 5시간 48분 46초 차이가 발생했는데, 수메르인은 이 문제를 윤달을 추

고대 히브리(Hebrew)의 천문학자는 황도 12궁 별자리 그림밖에 남기지 않았다.

가하는 방식으로 해결했다. 그 결과, 한 달은 4주이며, 하루의 낮은 12시간, 한 시간은 약 30분으로 정했다. 기원전 1100년경, 아시리아인은 수메르인의 태양력을 이어받아 1년을 12개월, 한 달을 30일로 정했으며, 한 해의 마지막에는 윤달을 추가했다.

칼데아인Chaldea(아시리아인의 한 일파)은 타고난 천문학자들이다. 그들은 시간을 매우 정교하게 계산하여, 1주일을 7일로 나눴고, 1일을 12시간, 1시간을 120분으로 나누었다.

티그리스-유프라테스 강 유역 사람들은 해시계와 물시계를 이용하여 시간을 측정했다. 물시계로 시간을 측정하는 방법은 다음과 같다. 바닥에 작은 구멍이 난 그릇에 물을 가득 채운 뒤, 어떤 특정한 별이 나타나면 그 구멍을 막아 둔 것을 열어 물이 흘러나오게 하고, 이 별이 지면 구멍을 닫는다. 이때 흘러나온 물의 무게를 잰 뒤 이 무게의 1/12과 1/360의 무게를 결정한다. 이어 이 물을 별도의 그릇에 담아 해당하는 기호를 이 그릇에 표시한다. 그러면 눈금을 보고 이에 해당하는 시간을 알 수 있다.

메소포타미아의 천문학은 후세의 유럽 천문학에 지대한 영향을 끼쳤다. 가령 황도 12궁은 지금도 유럽의 천문학에서 광범위하게 사용되고 있으며, 1주일을 7일, 원을 360°로 나누는 것 등은 지금도 널리 쓰이고 있다.

고대 이집트의 천문학

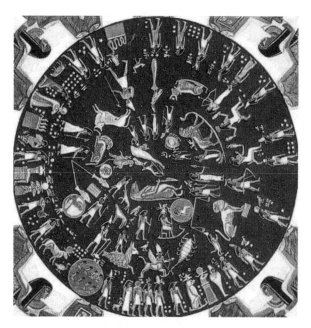

고대 이집트의 사원 가운데 한 모스크(예배당) 천장에 그려진 천문학 그림.
동그라미의 가장 안쪽 그림이 황도 12궁이고, 가운데 조금 위쪽 부분이 천장이다. 이 사이에는 신들이 소유한 종奴隷인 행성이 그려져 있다. 동그라미 안의 가장 바깥쪽 그림은 36개 순성旬星으로 이들은 아마도 신성한 의식에 참여하는 신神이자 밤의 시간을 가리키는 지시자指示者로 보인다.

과학자들은 파피루스를 분석하여 고대 이집트인들이 인류 최초로 과학 연구를 했음을 밝혀냈다. 고왕국古王國(이집트 제3왕조부터 제6왕조까지로 기원전 2686~2181년경) 시대 이후, 학자들은 실험을 통해 가장 기본적인 과학 이론 몇 가지를 발견했고, 이를 기록으로 남겨 이 성과가 한층 더 개선되기를 바랐다. 하지만 후대 학자들 대부분은 이들이 남긴 문헌을 참고하는 데 그쳤다. 학자와 제사장은 끊임없이 대자연과 인간 사회의 중요한 물체와 사건을 연구했으며, 여기에서 얻은 수치를 상호 비교하고 관찰된 현상을 분석하여 몇 가지 과학적 가설을 세웠다. 특히 수학, 천문학, 의학 분야에서 그들이 기여한 바는 매우 크다. 고대 이집트의 과학은 '인간은 우주를 이해할 수 있다. 이는 마치 조물주가 우주를 알고 있는 것과 같다.'는 신념을 토대로 형성되었다. 우주의 질서와 자연의 법칙은 마아트^{Maat}('Mayet'라고도 씀. 고대 이집트 종교에서 진리와 정의의 화신으로 태양신 라^{Ra}의 딸이며 지혜의 신 토트^{Thoth}의 아내)가 관장했다. '마아트'라는 신의 존재를 통해, 우리는 이집트의 수많은 신이 만들고 통치자 파라오^{Pharaoh}가 유지했던 완벽한 균형이 있었음을 느낄 수 있다. 따라서 그들의 과학을 제대로 이해하려면 마아트와 그를 신봉하는 여러 체계와 방식에 대한 이해가 선행되어야 한다. 즉, 이집트의 과학과 종교는 일체화되어 있어서 서로 충돌한 적이 없었다. 가령 인간의 지혜가 한계에 부딪쳐 이용할 만한 지식이 바닥나면 신에게 도움을 간청할 뿐이었다.

우주와 별자리를 관찰하면서 천문학 지식이 크게 늘기 시작했다. 당시 제사장들은 천문학 연구를 위해 사원 옥상에 올라가 많은 시간과 노력을 들여야 했다. 고대 이집트인은 일찍이 달력을 만들었는데, 오늘날 우리가 사용하는 달력은 바로 이집트의 태양력에서 온 것이다. 그들의 새해 첫날은 시리우스^{Syrius}(큰개자리의 으뜸별로 밤하늘에 보이는 별 가운데 가장 밝다.)와 태양이 동시에 떠오르는 7월 19일경이었다. 또한 이날은 나일 강이 처음으로 범람하는 날이기도 했다. 이처럼 태양에 관한 자연 현상과 물에 관한 수문^{水文} 현상이 동시에 발생하면 고대 이집트인들은 새해가 시작되었음을 감지할 수 있었다.

그들은 1년을 크기가 10°인 황도 36개로 나누었다. 또 태양이 열흘에 황도 하나씩을 이동하므로 1년을 360일로 계산했으며 연말에는 5일을 추가했다. 이집트 신화는 이 마지막 5일에 특별한 의미를 부여했다. 즉, 5일 동안 대지의 신 게브^{Geb}와

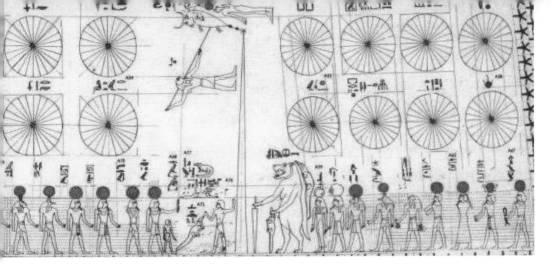

고대 이집트 시대의 성도 황도 12궁을 나타내고 있다.

여신 누트^{Nut}의 다섯 자녀인 오시리스^{Osiris}, 대大 호루스^{Older Horus}, 세트^{Seth}, 여신 이시스^{Isis}와 여신 네프티스^{Nepthys}가 차례로 태어났다. 또 한 달은 세 개의 황도로 이루어져 있고, 넉 달이 하나의 계절을 이룬다.

    고대 이집트 천문학자들이 범한 단 한 가지 실수는 바로 윤달을 만들지 않았다는 점이다. 이집트의 태양력은 매년 평균 1/4일이 모자라다. 따라서 실제 날짜와 달력 날짜의 차이가 조금씩 커져서 한 세기가 지나면 대략 한 달 정도 차이가 난다. 시리우스와 태양이 동시에 떠오르는 어느 새해 첫날에 나일 강이 범람을 시작했다면, 무려 1,460년(즉, 365일×4)이 지나야 이런 중복 현상이 발생하는 것이다. 이 사실을 발견한 천문학자들은 이처럼 굉장히 긴 주기를 '시리우

고대 이집트 시대의 성도
백조자리와 용자리, 큰곰자리 사이의 위치 관계를 명확히 보여주고 있다.

스 주기'라고 이름 붙였다.

고대 이집트인은 별자리를 구성하는 항성과 행성을 구별하여, 행성은 '지치지 않는 별'이라고 불렀다. 그들이 밤하늘에서 발견한 5개의 행성은 화성, 토성, 목성, 금성, 수성이었다. 또한 정확한 북쪽의 위치와 그 밖의 기본적인 방위를 결정하기 위하여—방위 결정은 피라미드 축조 및 성전 건축에 대단히 중요했다.—큰곰자리의 한 별이 가장 멀리 떨어져 있을 때 만들어지는 타원의 중심을 육안으로 관측했다. 이때 작은곰자리의 북극성(폴라리스Polaris)은 이용되지 않았다. 왜냐하면 그 당시 지구 자전축과 북극성은 지금처럼 일직선 위에 있지 않았기 때문이다.

오늘날 우리는 하루를 24시간으로 나누는데 이것 역시 고대 이집트인의 발명품이다. 하지만 그들이 사용한 한 시간은 계절에 따라 길이가 달랐다. 여름에는 밤이 12시간 내내 지속될 수는 없는 노릇이므로 밤의 한 시간이 매우 짧았다. 반면 낮의 한 시간은 상당히 길었다.

고대 인도의 천문학

고대 이집트인의 황도대黃道帶, 메소포타미아인의 황도대 그리고 28수宿는 서로 영향을 받지 않은 독자적인 천문학 체계이다. 이 중 '28수'란 달이 밤하늘에 운행하는 과정에서 차지하는 27개 또는 28개 위치를 말하며, 고대 인도와 고대 중국에

고대 인도의 천문대 유적

서 각각 별자리와 성수星宿의 형태로 거의 동시에 출현했다. 인도와 중국의 28수가 독자적으로 발전했다는 명확한 증거는 초기에는 발견되지 않았다.

천문학을 전문적으로 논한 최초의 문헌은 아마도 고대 인도 성전인 〈베다Veda〉의 '조티샤Jyotisa(천문학)'일 것이다. 이 책에는 27개 별자리에 위치한 초승달과 보름달의 위치를 계산하는 규칙은 물론, 5년에 한 번씩 1년을 366일로 규정한 세차歲差를 계산하는 규칙도 나온다. 5태양년太陽年(태양이 춘분점을 지나 황도를 경유하여 다시 춘분점에 돌아올 때까지 걸리는 시간)마다 태양월太陽月(태양년의 1/12시간)은 모두 67개이므로, 이를 62삭망월朔望月(태양에 대해 달이 한 바퀴 도는 데 걸리는 시간. 즉 초승달에서 다시 초승달이 될 때까지 시간)로 보고 매 순환에서 31번째, 62번째 달을 제외하기만 하면 '1년=12개월'을 얻는다.

고대 인도의 우주론은 일반적으로 '입체설立體說'에 토대를 두고 있다.

이런 초기 '묘고산 우주론'과 연관되는 것이 바로 일련의 숫자이다. 가령 정사각형 또는 직사각형을 세분하면 4, 12, 28, 60을 얻을 수 있다. 이런 체계는 천문학보다는 오히려 수학의 필요성 때문에 도입했다. 따라서 28의 한 '정사각형' 궤도는, 이 정사각형의 주위를 도는 변이 6개인 단위 정사각형을 사용하여 나타낼 수 있다. 각각의 모서리에 단위 정사각형을 하나씩 더하면 (4×6)+4=28이고, 이는 달이 위치한 지점을 나타내는 기하학 도형이다.

굽타 왕조Gupta Dynasty(320?~540) 시대에 인도가 자랑하는 가장 훌륭한 천문학자이자 수학자 두 명이 탄생했다. 아리아바타Aryabhata(476~550)는 인도의 천문학자이자 수학자로 파탈리푸트라Pataliputra('화씨성華氏城'이라고도 함) 부근에서 태어났다. 그의 저서 《아리아바티야Aryabhatiya》는 인도의 수학과 천문학을 집대성한 가장 오래된 문헌이다. 지구가 구 모양이라고 말한 최초의 인도 천문학자인 그는 "하늘이 회전하

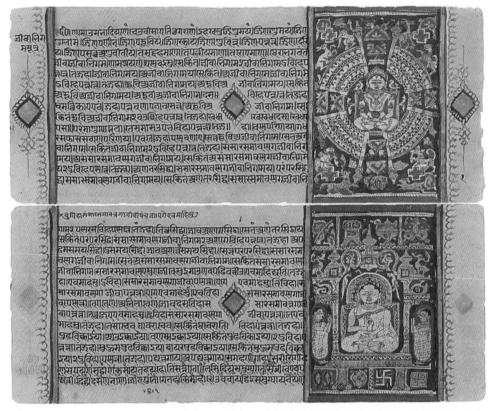

지구는 바닥이 정사각형이고 한쪽 모서리는 남쪽을 향하는 피라미드 모양이다. 중심이 동일한 수많은 정사각형 계단이 차례대로 쌓여 한 점으로 모인다(좀 더 정확히 표현하면 한 작은 정사각형으로 모인다). 꼭대기는 묘고산妙高山(불교의 우주관에서 세계의 한가운데 높이 솟아 있다는 산)이다. 스스로 상승하면서 크기가 점점 커지는 이 피라미드는 수직면과는 작은 각을 이룬다. 묘고산을 한 바퀴 돈다는 것은 곧 수평면 위에 정사각형과 비슷한 태양 궤도를 형성한다는 의미이다. 태양 평면의 위쪽은 똑같은 궤도를 갖는 달 평면이다. 아마도 달 평면 위쪽은 점점 더 커지고 많아지는 다양한 별의 평면일 것으로 추측할 수 있다. 후광리胡光利(1944~)의 작품 〈비슈누 왕세서Vishnu, 往世書〉는 다음과 같이 묘사하고 있다. "만약 이 별들의 궤도가 원래 정사각형이었다면 우리는 이 궤도가 본래 무엇을 의미하는지 알 수 있을 것이다. 이 각각의 궤도는 바로 천국으로 향하는 피라미드를 이루는 계단이다."

는 것처럼 보이는 이유는 지구가 자신의 축을 중심으로 자전하기 때문이다."라고 말했다. 그는 또한 일식과 월식도 언급했는데 월식은 지구의 그림자가 달을 가리기 때문이라고 설명했다. 아리아바타는 수학 분야에도 탁월한 업적을 남겼다. 그는 제곱과 세제곱, 넓이와 부피를 증명했고, 급수級數와 대수의 항등식은 물론 1차 부정방

정식도 논했다. 또 원주율의 근삿값을 소수점 아래 4자리인 3.1416까지 계산했다.

또 한 명의 천문학자이자 수학자는 바라하미히라Varahamihira(505~587)이다. 그의 주요 저서인 《천문학 논문 다섯 편Pañca-siddhāntikā》은 당시 인도 천문학의 거의 모든 핵심적 성과를 집대성했다.

고대 중국의 천문학

중국은 천문학이 가장 먼저 발달한 국가 중에 하나로, 천문학의 많은 분야에서 다른 나라보다 앞섰다. 천문 기구와 역법, 관측, 우주론 등에서 많은 발전을 이뤘을 뿐 아니라 이중 일부는 현대 천문학에서도 사용되고 있다. 이는 세계가 인정하는 사실이다. 또 많은 천문학자가 배출되었는데, 이들의 업적은 오늘날에도 큰 영향을 끼치고 있다.

다른 고대 문명국과 비교할 때 중국 천문학의 특징은 다음과 같다.

첫째, 중국 천문학은 역법 제정을 매우 중요시했는데 이는 농경 민족의 특징을 잘 보여준다. 일반적으로 중국의 역법에는 날짜 계산은 물론 태양, 달, 행성의 운행도 포함되어 있다. 또 일식과 월식의 계산, 24절기節氣 때 태양 그림자의 길이 등도 담고 있으므로 서양 역법에 비해 내용이 훨씬 풍부하다.

중국 전한前漢(B.C. 206~A.D. 8) 시대의 시간을 측정하는 동루호銅漏壺(구리로 만든 주전자 모양의 물시계)

둘째, 태양, 달, 행성의 위치를 계산하고 각종 천문학 자료를 처리할 때, 중국 천문학자들은 서양 천문학자가 즐겨 사용한 기하학적 방법(도형을 이용하여 문제를 해결하는 방법)이 아닌, 대수학적 방법(사칙연산이나 제곱근 풀기 등 연산을 이용하여 문제를 해결하는 방법)을 사용했다.

셋째, '음양오행陰陽五行', '천인감응天人感應(천문과 인문의 질서 원리를 일치시키려는 사상. 전한前漢 시대 동중서董仲舒가 집대성했

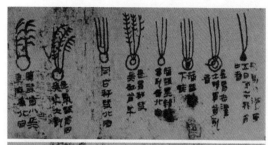
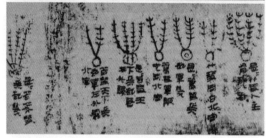

기원전 300년경의 마왕두이馬王堆 백서帛書(비단에 쓴 10여만 자의 글). 혜성의 모양과 혜성 관련 재난을 묘사한 '교과서'로 불린다.

다.)' 등 중국의 점성술은 철학을 토대로 한 학설로, 내용은 주로 국가의 흥망성쇠, 정치적 변혁 등 국가 대사였으므로 주로 황실에서 애용했다. 반면 서양의 점성술은 군사, 국가와 관련한 내용도 있었지만 대부분 개인의 운명을 점치는 데 사용했으므로 주로 민간에서 유행했다.

넷째, 중국 천문학은 기록을 중요시했다. 그 결과 중국 천문학자들이 남긴 관측 기록은 전 세계에서 가장 체계적이고 풍부하다.

우주 이론

중국의 천문학 이론은 고대의 우주 구조 이론인 '개천설蓋天說', '선야설宣夜說', '혼천설渾天說'로 거슬러 올라간다.

중국 후한 때의 천문학자 장형이 제작한 혼의渾儀. 이 그림은 중국 난징南京 즈진산紫金山 천문대에 보관된 혼의의 모조품이다.

'개천설'이란 우주의 구조를 탐구하는 중국의 가장 오래된 학설이다. 초기 개천설은 우주를 '천원지방天圓地方'이라고 묘사했다. 즉, 하늘은 솥을 뒤집은 모양天圓이고 땅은 바둑판처럼 네모난 모양地方이다. 하지만 후대의 개천설에서는 하늘을 삿갓 모양으로, 땅을 거꾸로 뒤집힌 판 모양으로 비유했으며 이 둘은 서로 평행한 아치 모양을 띤다.

'선언설'이란 중국 고대의 단순한 '무한 우주' 학설이다. 전국 시대戰國時代(B.C. 403~221)의 책인 《장자莊子》에 따르면 유형질有形質 하늘은 원래부터 존재하지 않고 하늘은 짙푸른 색이라고 한다. 왜냐하면 하늘은 '높고 멀고 끝이 없으며', 어떤 모양과 색깔이 있는 층이 존재하지 않기 때문이다. 해와 달과 별들은 자연스럽게 무한한 우주 공간에 떠돌아다니며 속도도 서로 다르다. 선언설은 나중에 해와 달과 별이 공기, 구체적으로는 빛을 내는 공기로 이루어져 있다는 학설로 발전했다. 이 학설이 어느 정도 진일보한 것은 사실이지만, 천체의 좌표나 운동을 계산하는 독자적인 방식은 제시하지 않았으며 사용한 자료 역시 '혼천설'에서 차용했다.

'혼천설'의 일부 이론은 전국 시대에 이미 형성되어 있었고 후한後漢(25~220) 시대의 천문학자 장형張衡(72~139)이 저술한 《혼천의渾天儀》는 이 학설을 상세하게 기록한 최초의 책이다. 그는 하늘이 마치 달걀 껍데기와 비슷하고 땅은 달걀 노른자와 닮았다고 생각했다. 또 하늘은 크고 땅은 작으며, 하늘과 땅은 공기를 타고 서 있으며 물을 채우면 떠오른다고 여겼다. 하늘에는 딱딱한 껍데기가 있는데 이는 결코 우주의 경계선은 아니며, 하늘 바깥의 우주는 시간적, 공간적으로 무한하다고 믿었다. 혼천설은 중국에서 광범위하게 퍼졌으며 천문학자와 역법학자는 천체의 겉보기운동視運動(지구에서 바라본 태양계 내 천체의 운동)을 관측하고 측정할 때 언제나 혼천설을 근거로 삼았다. 이처럼 혼천설은 하나의 우주론이자 천체의 운동을 관측하는 계산법이기도 했다.

태양의 흑점

중국 최초의 천문 관측 기록은 수천 년 전으로 거슬러 올라간다. 따라서 중국은 세계에서 가장 정밀한 천체 관측을 실시하고 이를 온전히 보존해 온 국가라고 할 수 있다.

고대 중국에서 천문 현상을 관측하던 시설 명칭은 영대靈臺, 첨성대瞻星臺, 사천대司天臺, 관성대觀星臺, 관상대觀象臺 등 다양하며 오늘날 가장 온전한 형태로 남아 있는 것은 중국 허난성河南省 덩펑현登封縣의 '관성대'와 베이징의 '고(古) 관상대'이다.

중국에는 태양 흑점에 관한 많은 기록이 남아 있다. 가령 기원전 140년경에 회남왕淮南王 유안劉安이 쓴 《회남자淮南子》에는 "해 속에 '준오踆烏(태양 속에 산다는 세 발 달린 까마귀)'가 있다."는 기록이 있고, 기원전

중국 후한 때의 저명한 천문학자 장형張衡의 초상

장형이 연구 제작한 지동의地動儀. 주로 지진 발생을 예측하는 데 사용되었다.

165년의 어떤 관측에서는 "해 속에 '왕王'자가 보였다."는 기록도 있다. 이보다 앞서 갑골문자甲骨文字에 태양 흑점에 관한 기록이 남아 있으므로 그 역사는 이미 3,000여 년이나 된다. 기원전 28년에서 명나라 말기에 이르는 1,600여 년 동안, 중국은 상세하고 신뢰도가 높은 태양 흑점 기록 100여 건을 남겼는데, 정확한 날짜는 물론 흑점의 모양과 크기, 위치, 분열과 변화 등에 대해 상세하고 진지하게 묘사하고 있다. 이는 매우 소중한 인류의 과학 유산으로 태양 물리와 태양 활동의 규칙, 지구 기후의 변천 등을 연구하는 데 귀중한 역사적 자료이자 중요한 참고 가치가 있다.

핼리혜성

세계 천문학계는 핼리혜성을 가장 오랫동안, 가장 상세하게 관측하고 기록한 국가로서 중국을 따를 나라가 없음을 공인하고 있다. 역사학자 사마천司馬遷(B.C. 145?~85)의 《사기·진시황 본기史記·秦始皇本紀》에는 진시황 7년(B.C. 240)에 나타난 혜성을 기록하고 있는데, 학자들은 이것이 세계 최초의 핼리혜성 기록이라고 보고 있다. 이때부터 1986년까지 핼리혜성은 총 30회 출현

했는데 중국의 역사책과 지방지地方志에는 이 모든 핼리혜성을 남김없이 기록하고 있다.

사실 중국에는 이보다 더 이른 시기의 핼리혜성 기록도 남아 있다. 중국의 저명한 천문학자 장위저張鈺哲(1902~1986)는 만년에 《회남자·병략훈兵略訓》에 나오는 "무왕武王이 주왕紂王을 토벌할 때 동쪽을 바라보며 세성歲星(목성)을 맞이했는데, (중략) 혜성이 나타나 은나라 사람들에게 손잡이를 주었다."라는 구절을 고증한 결과, 당시 나타났던 혜성 역시 핼리혜성이라고 주장했다. 그는 약 4,000년간 지구에 출현한 모든 핼리혜성의 궤도를 계산했고 그 밖에 검증이 가능한 사료를 참고하여, 무왕이 주왕을 토벌한 해가 기원전 1056년이라는 결론을 내렸다. 이에 따르면 중국이 핼리혜성을 기록한 연대는 800여 년 앞당겨진다.

유성우 관측

고대 중국에는 오늘날 잘 알려진 '거문고자리 유성우', '페르세우스자리 유성우', '사자자리 유성우' 등 유성우流星雨에 대한 기록

중세 독일의 판화. 사람들이 사자자리 유성우를 바라보며 놀라는 모습을 표현하고 있다.

이 많이 있다. 거문고자리 유성우의 경우만 적어도 10회, 페르세우스자리 유성우는 적어도 12회의 기록이 있다.

사자자리 유성우는 1833년의 화려한 '우주쇼'로 인해 전 세계적으로 유명해졌다. 902~1833년까지 중국과 유럽, 아라비아 각국에서 남긴 사자자리 유성우 기록은 총 13회인데 그중 7회가 중국의 것이다. 최초의 기록은 931년 10월 21일이며 이는 세계에서 두 번째로 이른 기록이다.

기원전 7세기부터 계산할 경우 고대 중국에는 이와 비슷한 유성우 기록이 적어도 180회 남아 있다.

제2장

고대 그리스~로마 시대

흩어져 있던 기존의 천문 관측과 우주 체계에 관한
구상은 고대 그리스 시대에 이르러 비로소 우주의 기원
및 천체 운행의 규칙에 관한 가설로 발전했다. 이는
자연철학 또는 수학에 바탕을 두고 있었으며 나중에는
과학의 한 분야로 정립되었다.
특히 그들의 천재적인 가설은 당시는 물론 오늘날
천문학 발전에도 크게 이바지하고 있다.

그리스의 천문학

데모크리토스Democritus(B.C. 460?~370?)가 구상한 조화로운 우주의 모습

고대 그리스인은 항해와 농경을 위해 천문 관측을 대단히 중요시했다. 탈레스Thales(?~?, 고대 그리스의 철학자. 자연철학의 시조로 불림)는 기원전 585년 5월 28일의 일식을 예측했는데, 아마도 일식이 233삭망월을 주기로 반복해서 발생한다는 바빌로니아인의 지식을 알고 있었던 것으로 추측된다. 그는 동지에서 하지까지 태양의 운행이 불규칙하다고 밝혔고, 항해에 더 많은 도움을 주는 작은곰자리도 발견했다. 하지만

천문 관측에만 몰두했던 탈레스는 하늘만 바라보고 걷다가 그만 발을 헛디뎌 우물에 빠지고 말았다. 그의 하녀는 그가 하늘에서 벌어지는 일만 알지 발 앞의 일은 모른다고 웃었다. 반면 초기 이오니아^{Ionia}(오늘날 터키의 아나톨리아 서부 해안 중부 지역)의 현인들은 천문 현상과 지리를 직접 관찰했지만 대부분 추측 수준에 머물러 있었다. 가령 지구는 물 위나 공기 중에 떠 있는 납작하고 평평한 판 모양이며, 태양과 달, 별은 모두 가장자리에서 불을 내뿜는 큰 수레바퀴라고 생각했다.

천문 현상을 관측하는 고대 그리스 천문학자

기원전 5세기에서 기원전 4세기까지, 이오니아의 현인들은 이미 천문 현상의 원인을 과학적으로 규명했다. 엠페도클레스^{Empedocles}(B.C. 490?~430?)는 일식이란 '빛을 내지 않는 달이 태양과 지구 사이를 지날 때 햇빛을 가려서 지구에 그림자를 비추는 현상'이라고 말했다. 아낙사고라스^{Anaxagoras}(B.C. 500?~428)는 태양과 별은 불타는 돌이며 이것이 깨져서 지구로 떨어지는 것이 운석隕石이라고 설명했다. 하지만 그는 이런 말 때문에 신성 모독죄로 투옥되었고 하마터면 처형될 뻔했다. 그들은 공기와 구름층의 이동과 충돌을 이용하여 바람, 비, 번개, 전기 등 자연 현상이 발생하는 원인을 설명했다.

그들은 무한한 우주를 탐구하여 서로 다른 두 가지 우주 기원起源 가설을 만들었다. 첫 번째 가설은 '소용돌이 운동 기원설'이다. 아낙사고라스는 최초의 우주가 무수히 많은 스페르마타^{spermata}(씨앗)가 섞여 있는 '카오스^{chaos}(혼돈)'이며, 그중 공기와 불이 대부분이고 '누스^{nus}(정신 또는 이성)'가 거대한 힘을 발휘하여 이들을 분리한다고 주장했다. 또한 자연법칙에 따라 무수한 사물이 만들어지고 우주의 질서를 만든다고 말했다. 이처럼 그의 가설에는 이미 기본적인 천체역학이 반영되어 있었다. 데모크리토스는 무수한 원자가 무한한 공간에서 운동하고 거대한 소용돌이 운동을 만들며, 이들은 '같은 종류끼리는 서로 모인다', '운동 방향과 크기는 서로 구별된다'라는 법칙에 따라 무수한 세계를 만든다고 설명했다. 그리고 모든 '세계'는 탄생, 성장, 소멸의 과정을 거치고, 소멸된 자유전자는 또 다시 결합하여 새로운 세계를 만드는데, 이는 마치 신화에 등장하는 '피닉스^{phoenix}(不死鳥)'가 끊임없이 스스로 불타고 다시 태어나는 것과 비슷하다고 말했다. 이는 우주가 끊임없이 생성하고 소멸된다는 진화론의 '결정판'이다. 근대 서유럽의 과학 사상가인 데카르트, 라플라스, 칸트는 태양계가 불이나 가스, 미립자 성운의 소용돌이 운동에 의해 생성되었다고 주장했는데 데모크리토스는 이미 2,000여 년 전에 이와 비슷한 가설을 제시한 것이다. 실로 놀라운 일이 아닐 수 없다.

두 번째 가설은 '유한 우주 모형설'로 수리 천문학의 특징을 보여준다. 피타고라스학파는 지구가 공 모양이며 우주의 중심에 있지 않다고 생각했다. 그들은 우주 전체가 공 모양이고 중심에는 불덩어리인 '중심불^{中心火}'이 있으며, 가까운 순서대로 지구, 달, 태양, 금성, 수성, 목성, 토성, 항성, 별무리 등 천체 10종류가 배열되어 있다고 보았다. 또한 이들 천체는 중심이 같은 10개의 원 궤도를 운행하면서 질서 있는 우주를 이룬다고 생각했는데, 이를 '코스모스^{cosmos}(우주)'라고 불렀다. 가장 바깥층은 무한한 '프네우마^{pneuma}('숨', '호흡'을 뜻하는 고대 그리스어로 '공기'와 비슷한 의미이다.)'가 감싸고 있으며 우주로 빨려 들어간다. 플라톤학파의 일부 학자는 지구를 중심으로 한 '동심천구설^{同心天球說}'을 제창했다. 수학자이자 유명한 천문학자인 에우독소스Eudoxus of Cnidus(B.C. 408~355)는 저서 《현상 Phainomena》에서 중심이 모두 같은 천구 27개를 구상했는데, 이들은 특정한 회전축과 회전속도에 따라 불규칙한 등속운동을 한다. 이를 이용하여 불규칙한 천체 현상은 물론 우리가 관측한 천체 운동을 매우 정확하게 설명할 수 있었다. 그의 제자 칼리푸스Callippus(B.C. 370~300)는 더 나아가 천구 34개로 이루어진 우주 모형을 구상하여 관측 결과의 정확성을 높였다. 아리스토텔레스(B.C. 383~?)는 천구 56개로 구성된 우주 모형을 만들었는데 가장 바깥층의 종동천 宗動天(primum mobile, 중세기의 우주관에서 가장 위층에 있는 하늘. 그곳에 하느님이 계신다고 생각했음)이 최초로 천체를 회전시키고, 모든 천체는 순수한 '불'로 이루어져 있다고 말했다. 이들은 또한 물리적으로 연결된 한 시스템으로 지구 주위를 따라 완벽한 등속 원운동을 영원히 지속한다. 에우독소스 등의 이 주장은 훗날 헬레니즘 시대

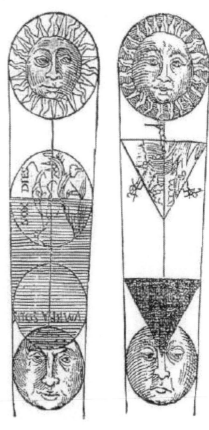

중세의 목판화. 아리스토텔레스가 월식 때 달에 비친 지구의 그림자는 항상 원임을 증명한 사실을 나타내고 있다. 이에 따르면 지구는 구球이다(왼쪽 그림). 만약 지구가 삼각형이라면 월식 때 달에 비친 그림자 역시 삼각형일 것이다(오른쪽 그림).

에 프톨레마이오스가 정립한 천체 이론(지구중심설)의 토대가 되었다. 이런 지구중심설은 물론 1,000여 년 뒤에 코페르니쿠스의 지동설에 의해 부정된다. 하지만 정밀한 관측과 수학적 증명에 기초하여 탄생한 최초의 우주론과 천체 운동 가설은 과학과 이성의 위대한 발전임에 틀림없다.

지구는 둥글다

피타고라스학파 철학자들은 지구가 둥글다고 여긴 최초의 학자들이다. 비록 그들의 증명이 기록으로 남아있지는 않지만, 훗날 아리스토텔레스는 '월식 때 달에 비친 지구의 그림자는 항상 원형이다.'라고 밝혔는데 이는 피타고라스학파의 주장을 뒷받침하는 강력한 증거였다. '지구 구형설'을 뒷받침하기 위해, 아리스토텔레스는 "어떤 사람이 여행을 할 때, 북쪽에서 보는 별과 남쪽에서 보는 별은 서로 다르며 이는 지구가 그다지 크지 않은 구쳬임을 의미한다."라고 말했다. 그 후 고대에서 중세를 거쳐 르네상스 시대에 이르기까지, 사람들은 누구나 지구가 둥글다는 사실을 알게 되었다.

그리스인은 지구가 둥글다고 생각했을 뿐 아니라, 여러 강력한 증거를 발견하여 지구는 우주의 중심에 있고 우주는 거대한 구형 껍질 안에 갇혀 있으며 이 구형의 껍질에는 항성이 존재한다고 믿었다. 하지만 인간은 왜 하늘의 반쪽밖에는 볼 수 없을까? 이에 대해 아리스토텔레스는 인간이 사는 곳은 정교하지도, 영구하지도 않은 반면 천구는 점과 원형 광선, 완벽한 기하학으로 이루어져 있고 영원불멸이며, 이처럼 지구와 하늘 사이에는 근본적인 차이가 있기 때문이라고 설명했다.

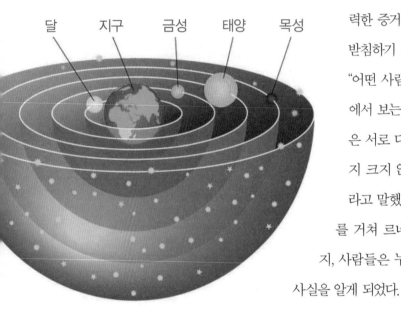

달　지구　금성　태양　목성

에우독소스의 '동심천구설' 모형도. 지구는 우주의 중심에 위치한다.

그에 따르면 하늘에는 삶과 죽음도 없고 미래와 과거도 없으며 오직 천체의 영원한 원운동만이 존재한다. 또 모든 천체는 순수한 제5원소(또는 '에테르aether')로 이루어져 있으며 영원히 원운동을 하기 때문에 이들의 본질적 속성 역시 영원히 지속한다. 혜성의 경우, 실제로 출현하기도 하고 사라지기도 하지만 그렇다고 이론적 모순이 발생하지는 않는다. 혜성의 운동을 관찰하면 이들은 달 아래의 세계에 속한다는 것을 알 수 있기 때문이다. 실제로 혜성은 지구에서 증발한 물질로 구성되었다고 추측되고 있다.

플라톤의 도전

제자인 아리스토텔레스와 달리, 플라톤은 행성의 운동 또한 기타 천체와 똑같은 법칙을 따르고 있다고 생각했다. 즉, 항성의 운동이 등속 원운동이라면 행성의 운동 역시 본질적으로 이와 비슷해야 한다고 보았다. 다시 말해 우리가 바라보는 행성의 운행은 등속 운동과 원운동이 합쳐진 결과라는 것이다.

플라톤과 동시대를 살았던 에우독소스는 플라톤의 설명을 토대로 그가 도전했던 문제를 해결할 몇 가지 방법을 고안했다. 이 방법에 따르면, 다섯 행성의 각 천구 모형에서 바깥쪽 두 천구층의 운행은 이보다 더 바깥쪽에 위치한 제3의 천구에 이끌리며, 이 제3천구의 운동 속도는 이 행성이 황도(즉, 태양이 1년 주기로 이동하는 궤도) 위를 서쪽에서 동쪽으로 이동할 때의 평균속도이다. 또한 이 제3천구의 운동은 가장 바깥층에 위치한 제4천구에 영향을 받는다. 가장 바깥층에 위치한 이 제4천구는 행성이 지구 주위를 동쪽에서 서쪽으로 회전하는 겉보기운동을 설명해 준다. 제3, 제4천구는 행성의 기본적 운동을 만들어내고, 안쪽에 위치한 두 개

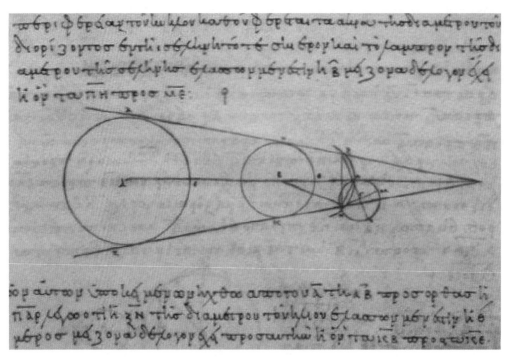

아리스타쿠스가 남긴 친필 원고의 한 장

의 천구는 행성이 때때로 역행逆行(지구 바깥 궤도를 도는 외행성은 순행, 멈춤, 역행 운동을 하는데, 그 이유는 지구와 외행성의 공전 속도가 다르기 때문이다.)하기도 하는 현상을 적어도 정성적定性的으로는—만약 정량적定量的이지 않다면—설명해 준다.

고대 그리스의 코페르니쿠스

아리스타쿠스Aristachus(B.C. 315~230)는 오늘날 터키의 해안에서 가까운 사모스Samos 섬에서 태어났다. 당시에 이미 지구의 운동에 관해 많은 주장이 제기되었다. 예를 들어 기원전 5세기경 이탈리아 남부에 살았던 필롤라오스^{Philolaus}(B.C. 5세기)는 피타고라스학파에 속한 철학자로, 지구는 '반지구^{反地球} (counterearth, 중심의 불덩어리 반대편에서 지구와 반대 방향으로 돌고 있기 때문에 보이지 않는 행성)' 및 태양, 달, 다섯 행성과 함께 우주의 중심인 '중심불' 주위를 돈다고 생각했다. 그러나 헤라클레이토스^{Heraclitus}(B.C. 530?~470)는 여전히 지구가 자신의 축을 중심으로 자전한다고 믿었다.

반대로 아리스타쿠스는 이와 전혀 다른 견해를 펼쳤다. 즉, 지구는 태양의 궤도를 따라 돈다고 주장한 것이다. 아르키메데스는 자신의 책에서 다음과 같이 기술하고 있다. "그는 태양과 항성은 고정되어 있고, 지구는 태양 주위를 도는 원 궤도 위를 운행한다는 가설을 세웠다. 이때 지구는 이 궤도의 가운데에 위치한다. (하략)"

그리스 시대의 위대한 천문학자이자 수학자인 히파르코스

아리스타쿠스는 자신이 남긴 단 한 권의 책에서 달과 태양 사이의 상대 거리를 측정하는 방법을 구체적으로 밝히고 있다. 달이 정확히 반원이 되었을 때, 달과 지구와 태양이 이루는 삼각형은 직각삼각형이다. 만약 이때 달-지구-태양의 끼인 각의 값을 측정할 수 있다면, 위의 삼각형의 모양을 알 수 있으므로 어떤 두 변의 비율도 모두 알 수 있는 것이다.

사실 상현달 또는 하현달일 때를 정확하게 측정하기는 매우 어려우며, 정확한 직각($90°$)과 달-지구-태양의 끼인 각의 미세한 차이를 측정하는 것도 상당히 까다롭다. 그러므로 그가 계산한 값과 실제 값 사이의 오차는 굉장히 컸다. 하지만 그의 구상은 자신이 살았던 시대를 훨씬 앞섰으며, 이처럼 순수 수학을 이용하는 계산 방식은 오랜 세월이 흘러 뉴턴 시대에 이르러서야 천문학계의 인정을 받게 되었다.

히파르코스

헬레니즘Hellenism(그리스의 고유문화가 오리엔트 문화와 결합하여 탄생한 세계주의적 문화 및 사상 체계) 시대를 대표하는 위대한 천문학자이자 수학자인 히파르코스 Hipparchos(B.C. 190~120)는 니카이아(오늘날 터키의 이즈니크)에서 태어났다. 어려서 알렉산드리아Alexandria(BC 332년에 알렉산드로스 대왕이 건설하여 수도로 삼은 도시. 현재 이집트에 위치함)에서 공부한 히파르코스는 훗날 로도스 섬에서 관상대를 세우고 천문 관측 기기를 만들었으며 바빌로니아인과 자신의 관측 자료를 토대로 방대하고 상세한 별 목록星圖을 만들었다. 그는 이 별 목록에서 정확한 황경黃經을 적용했고(히파르코스는 150년 전의 '티모카리스 별 목록'과 비교한 결과 황위黃緯는 그대로지만 황경이 약 2° 증가한 것을 발견했기 때문이다.) 밝은 별 1,080개를 6등급으로 구분하여 수록했다. 또한 북극의 이동에 의해 회귀년回歸年(태양이 황도를 따라서 천구를 한 바퀴 도는 데 걸리는 시간, 1회귀년은 365일 5시간 48분 46초)이 항성년恒星年(지구가 어떤 항성을 기준으로 태양을 한 바퀴 도는 데 걸리는 시간. 1항성년은 지구의 공전 주기와 같은 365일 6시간 9분 9초이다.)보다 짧아지는 '세차歲差(precession) 현상'을 발견했다. 그가 남긴 더욱 뛰어난 업적은 '구면삼각학球面三角學'이라는 수학을 창안함으로써 그리스의 천문학에 정교한 수학을 도입했고, 이를 이용하여 새로운 우주 구조 가설을 정립했다는 점이다.

히파르코스는 삼각함수 정리를 최초로 심층적으로 연구하여 정밀한 삼각함수표를 만들었고 평면삼각학을 구면삼각학으로 확대했다. 그는 구면삼각학이라는 새로운 수학 기법을 이용하여 천구 위를 움직이는 각 행성의 운동을 계산했다. 반면 아리스토텔레스 시대의 에우독소스 등 천문학자들이 제시한 '동심천구설同心天球說'은 각 천체가 공통 중심인 지구 주위를 등속으로 원운동할 때만 적용되며 복잡한 천체 현상은 설명할 수 없었다.

히파르코스는 이와 같은 우주 모형을 포기하고 수학적 방법을 사용하여 '주전원主轉圓(epicycles, 행성이 실제 움직이는 작은 원 궤도)'-'주원主圓(deferents, 주전원의 중

천문 관측에 열중하고 있는 히파르코스

심이 만드는 큰 원)' 체계를 정립했다. 비록 지구중심설을 포기하지 않았지만 그는 각 천체가 자신의 주전원을 따라 등속 원운동을 하며, 각 주전원은 또한 자신의 주원을 따라 이심점離心點(equants, 행성의 불규칙한 운동을 설명하기 위해 도입한 주원의 중심. 지구의 위치와는 다르다.) 주위를 등속으로 원운동한다고 보았다. 그가 구축한 정교한 우주 모형은 불규칙한 천체의 운동을 훌륭히 설명한다. 그리고 이는 나중에 프톨레마이오스의 천문 이론의 토대가 된다.

로마인의 천문학

새로운 역법

　　로마 시대에 천문학 연구
가 가장 활발히 진행된 곳은 위대
한 천문학자 프톨레마이오스^{Claudius}
Ptolemaeos(2세기경)가 활동했던 알렉산드
리아였다. 실제로 오늘날 우리가 서
양 고대 과학의 발전상을 상세하게
이해할 수 있게 된 것은 모두 그가
남긴 저서 덕분이다. 이런 의미에서
볼 때, 우리는 이 저명한 천문학자에게
큰 경의를 표해야 할 것이다.

　　안타깝게도 후대 역사학자들은 역사
적인 이유 때문에 그에 대해 호의적이

프톨레마이오스 초상화
고대 그리스와 로마 시대의 천문학을 집대성한 천문학자. 그의 학설은
이후 수세기 동안 확고부동한 위치를 차지했다.

지 않았다. "그(프톨레마이오스)는 아무리 좋게 말해도 옛날 사람이 남긴 지식을 표절한 자에 불과하다."라고 주장하는 사람이 있는가 하면 심지어 '완전한 사기꾼'이라며 혹독하게 평가한 이도 있다. 이는 그가 실제 관측 결과를 무시하고 객관적 실제와 어긋나는 우주론을 만들었기 때문이다. 하지만 역사의 관점에서 봤을 때 그에 대한 이 모든 비방은 아무런 근거가 없다. 프톨레마이오스의 일생과 그의 업적을 살펴보면 그는 가장 훌륭한 천문학자로서 손색이 없다.

고대 천문학의 집대성자

프톨레마이오스의 구체적인 생애에 대해서는 알려진 바가 거의 없다. 그의 대표작 《알마게스트Almagest》에 수록된 천문 관측 기록 가운데 가장 이른 것이 127년, 가장 늦은 기록은 141년이다. 만약 이 기록이 모두 정확하다면 그는 서기 1세기 초 이전에 태어났을 것이다. 그는 또한《알마게스트》 외에도 중요한 책 몇 권을 더 썼으므로 165~170년에 사망했을 것으로 보인다. 그가 천문 관측을 했다고 밝힌 지점은 오직 알렉산드리아뿐이므로, 우리는 그가 성년 시기 대부분을 이 헬레니즘 시대의 위대한 중심 도시에서 보냈으리라 추측할 수 있다.

조금의 과장도 없이《알마게스트》는 그야말로 천문학에 관한 백과사전이다. 또한 서양 고전 천문학의 권위서이자 그리스 수리천문학의 결정체이고, 이후 중세기 아라비아 천문학과 르네상스를 거쳐 근대 유럽의 천문학을 형성한 원류原流임에 틀림없다. 《알마게스트》 발표 이후 뉴턴 시대까지, 코페르니쿠스, 케플러 등을 비롯한 모든 위대한 천문학자는 한결같이《알마게스트》의 '젖'을 먹고 자랐다. 심지

1559년에 발표된 우주 그림. 중심에는 4대 원소(흙, 불, 공기, 물)가 있고 이어서 각 천체가 위치한 천구층이 있다.
이 순서는 서기 2세기의 천문학자 프톨레마이오스가 확정했다.

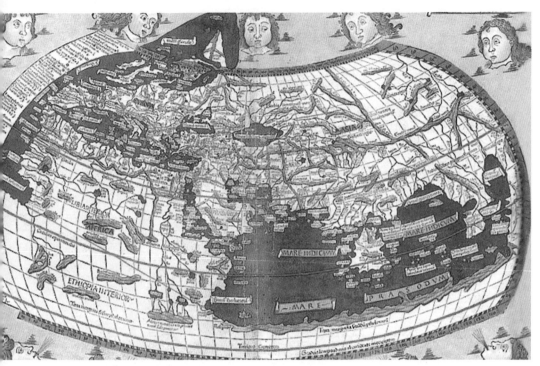

1482년에 제작된 목판화. 프톨레마이오스의 지도이다.

어 프톨레마이오스의 천문학설에 반기를 들고 이를 일부 수정한 천문학자도 예외

가 아니었다. 또한 코페르니쿠스의 《천체운동론》과 같이 이 기간에 발표된 모든

중요한 서양 천문학 저서 역시 《알마게스트》를 토대로 했다.

　프톨레마이오스는 《알마게스트》에서 우주의 구조 체계를 상세하게 설명했다.

그는 지구가 우주의 중심임을 증명하기 위해 수많은 이유를 제시했으며, 이 때문

에 후세 사람들은 그의 학설을 '프톨레마이오스 지구중심 체계'라고 불렀다.

　그는 또한 모든 천체의 궤도는 '반드시' 원형이라고 말했다. 그 이유는 간단하

다. 원이 가장 완벽한 형태이고, 완벽한 우주 안에 불완전한 사물이 있을 수는 없

기 때문이다. 이처럼 자신의 신념을 이유로 엄연한 관측 사실을 무시하는 행동은 결코 바람직하지 않으며, 이런 이유로 후세인 중 일부는 그를 비난하기도 한다. 하지만 그 후 1,000여 년 동안, 종교 이념의 압박과 천문 관측 수단의 한계로 인해 그의 학설은 서양 천문학의 주류 이론으로 광범위하게 받아들여졌고, 케플러 시대에 이르러서야 비로소 역사의 뒤안길로 사라졌다.

그는 《알마게스트》에서 관측 사실과 자신의 이론을 일치시키기 위해 그야말로 온갖 방법을 동원했다. 그는 먼저 이른바 '주전원^{周轉圓}(deferent)' 모형을 도입했다. 이는 행성이 운행하는 작은 원형 궤도이다. 주전원의 중심은 하나의 큰 원을 따라 움직이는데, 이 큰 원을 '주원^{主圓}(epicycle)'이라고 한다.

이런 식으로 나머지 행성도 모두 자신의 주전원을 가지며, 이 주전원들의 중심

알렉산드리아에서 천문현상을 관측하는 젊은 프톨레마이오스

중세기의 삽화. 프톨레마이오스의 '지구중심설'을 상징적으로 표현했다.

은 마치 '인간 피라미드 쌓기'처럼 주원 위에 놓인다. 이처럼 행성의 운동은 매우 복잡한 시스템이 되어 버린다. 그렇지만 그는 '행성이 왜 하늘에서 이렇게 운행하는가?'라는 근본적인 질문에는 여전히 명확히 답하지 못했다.

그는 유명한 《프톨레마이오스 행성표》에서 자신이 관측한 별자

이름이 비슷해서 중세 사람들은 프톨레마이오스와 이집트의 프톨레마이오스 왕을 혼동하곤 했다. 하지만 왕관을 쓴 이 그림은 중세 시대에 프톨레마이오스의 위치가 어땠는지 잘 보여준다.

프톨레마이오스가 야외에서 천체를 관측하고 있다.

리 48개의 이름을 붙였는데 이중 페르세우스자리, 오리온자리 등은 현대 천문학에서도 그대로 사용하고 있다. 다만, 별자리의 경계선이 조금 변경되었을 뿐이다. 가령 천구의 최남단에 위치한 별자리는 프톨레마이오스가 살았던 알렉산드리아에서는 보이지 않으므로, 그가 이 별자리들의 이름을 지을 수는 없었을 것이다.

제3장

중세의 천문학

천문학은 중세 유럽에서 정체되고 쇠퇴했다. 다행이
중국과 아라비아 지역 등에서는 여전히 빠르게
발전하고 큰 성과를 거뒀다.
뿐만 아니라 세계의 다른 지역에는 알려지지 않았지만
아메리카 대륙에서도 천문학이 크게 발달했고 이는
이른바 신대륙 발견 이후 전 세계를 깜짝 놀라게 했다.

중국의 천문학

수·당 시대

중세 중국의 천문학은 대략 수隋(581~618)·당唐(618~907) 시대와 송宋·원元 시대로 나눌 수 있다. 통일 왕조인 수·당 시대에 중국의 천문학은 비약적으로 발전했는데 그 이유는 크게 세 가지다. 첫째, 남북조南北朝(420~589) 시대 천문학의 계승 및 발전이다. 둘째, 통일 왕조 수립 및 영토 확장으로 천문 관측이 더 편리해졌다. 셋째, 대외 교류가 활발해지면서 새로운 지식 등이 유입되었다.

수·당이 통일을 실현하고 국내가 안정되자 과거의 천문학 성과는 더욱 발전했다. 나아가 남북조의 역법 이론을 집대성한 새로운 두 가지 역법이 탄생했는데, 바로 수나라 때 유작劉焯(544~610)의 '황극력皇極曆'과 당나라 때 승려 일행一行(683~727)의 '대연력大衍曆'이다.

승려 일행은 수·당 시대의 저명한 천문학자로 속세명은 장수張遂

중국 난징南京 즈진산紫金山 천문대에 전시한 '천체의天體儀'. 천구의 각종 좌표와 겉보기운동, 밝은 별의 위치 등을 나타내는 데 사용한다. 1905년 제작

이고 위주魏州 창락현昌樂縣(오늘날의 허베이성河北省 난러현南樂縣) 사람이다. 그의 가장 큰 업적은 '대연력'을 제정한 것이다. 또한 천문 관측과 규표圭表를 이용한 그림자 측정 이론 및 기술의 개량, 지구 자오선의 길이를 최초로 측정한 것 등에서 크게 기여했다.

'규표'는 태양 그림자를 재는 중국 고대의 관측 기구로 '규圭'와 '표表' 두 부분

베이징의 '고(古) 관상대'. 1442년 제작

으로 이뤄져 있다. '표'는 지평면에 수직으로 세워서 태양 그림자를 재는 측량대와 돌기둥이고, '규'는 정남쪽과 정북쪽 방향으로 두어 태양 그림자의 길이를 재는 눈금 달린 판이다. 그는 '표'에 비친 태양 그림자의 길이를 토대로 많은 천문학 수치를 계산했는데 이는 실용 가치가 매우 높았다.

일행은 세계 최초로 자오선子午線의 길이를 측정했다. '자오선의 길이'란 지구의 경도經度(지구 표면을 따라 북극에서 남극을 이은 선)의 길이를 말한다. 일행은 북쪽으로는 철륵鐵勒(오늘날 러시아 바이칼호 부근)에서 남쪽으로는 임읍(林邑, 오늘날 베트남 중부)까지 총 13지점에 각각 사람을 보내 관측하도록 했다. 그 결과, 북극의 높이가 1° 차이가 났는데(즉, 위도가 1° 높았음) 그 때 남북 간 거리가 351리里 81보步(오늘날의 길이 단위로는 131.3km)였다. 이 수치가 바로 지구 자오선 1°에 해당하는 호弧의 길이이다. 이 값은 물론 참값과 차이가 크다. 하지만 당시 상황을 생각해볼 때, 세계에서 가장 정밀한 측정값임에는 틀림없다.

이 밖에 일행은 기계 제작 분야에서도 탁월한 재능을 보였다. 그가 양령찬梁令瓚

과 함께 만든 '황도유의黃道遊儀(또는 '황도동혼의黃道銅渾儀)는 태양, 달, 별 등 천체를 관측할 때 그 궤도의 좌표와 위치를 직접 계산해 낼 수 있었다. 그는 이 기계를 이용하여 수많은 천문 현상을 발견했다.

양령찬이 제작한 수운혼천부시의水運渾天俯視儀는 당시의 뛰어난 발명품이었다. 이는 물을 이용하여 돌리는 기계로 하루에 한 바퀴씩 자전하며, 기계의 절반은 나무 틀 안에 두어 지평선 아래 부분을 나타냈다. 또 나무인형木人 두 개를 세워 하나는 1각刻(15분)마다 자동으로 북을 치고 또 하나는 1진辰(2시간)마다 종을 치도록 설계했다. 이 혼천의는 기계가 정밀하고 나무틀 안에 설치하여 자명종의 원형을 이미 갖추고 있었고, 특히 유럽에서 13세기에 발명된 자명종보다 500여 년이나 앞선다.

중요한 천문학 기계는 이뿐이 아니다. 서기 665년에 이순풍李淳風(602~670)이 제작한 '목혼천의木渾天儀는 황도를 측정하는 데 쓰였다. 당나라 이전의 혼의는 3진三辰과

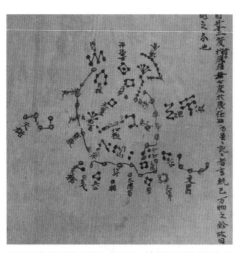

서기 10세기경 중국의 성도. 현존하는 세계에서 가장 오래된 성도 가운데 하나이다. 현재 영국의 대영박물관이 소장하고 있다.

4유四游 두 가지 이중환璿璣밖에 없었으나, 이순풍은 여기에 6합六合을 추가하여 3중환을 만들었다. 즉, 바깥쪽은 6합의六合儀이고, 가운데는 3진의三辰儀, 안쪽은 4유의四游儀이다. 이렇게 함으로써 황도의 좌표와 적도 좌표, 지평 좌표를 측정할 수 있게 되었다. 이때에 이르러 중국 각 시대에 사용했던 혼천의가 완벽한 천문 관측 기기로 자리매김하게 되었다.

이 기간 동안 아라비아와 인도에서 전래된 천문 역법은 중국에 큰 영향을 끼쳤다.

당시 수많은 인도 천문학자가 중국을 방문했는데 이 중 상당수는 당시 중앙 천문기관인 '사천대司天臺'에서 중요한 직무를 수행했다.

수·당 시대의 역법은 매우 우수했기 때문에 한국, 일본 등 동아시아 국가로 널리 전래되었다. 특히 한국과 일본의 천문학, 그중에서 역법 제정에 지대한 영향을 주었다.

중국 송나라 (12세기)의 별자리 그림(28수)

송 · 원 시대

중국 역사에서 송나라는 20년에 한 번 꼴로 역법을 고쳐 역법을 가장 빈번하게 개정한 시대로 평가받는다. 이 과정에서 역법의 정확성을 촉구하는 목소리가 커졌고 이와 동시에 천문 관측의 정확성에 대한 요구치도 높아졌다. 송대에는 항성의 위치를 자주 관측했는데 북송北宋(960~1127) 때에만 약 5회나 체계적인 관측이 이루어졌다. 특히 역법을 만드는 데 매우 중요한 28수의 거리를 매우 정밀하게 측정했고 이에 따라 정밀도도 높아졌다. 또한 행성과 달의 운동, 일식과 월식, 기타 특이한 천문 현상에 대해서 후대에 풍부한 천문 관측 기록을 남겼다.

가령 1054년에 나타난 황소자리 초신성에 대한 기록은 현대 천문학 연구에 대단히 귀중한 자료이다.

무엇보다도 송宋(960~1279)·원元(1271~1368) 시대에는 그 이전 어느 시대보다 탁월한 천문 관측 기기가 탄생했다. 그중 중국의 '혼의'는 송나라 때 전성기를 이루었다. '혼의渾儀'는 천체의 위치와 두 천체 사이 각도를 측정하는 고대 천문 계기로 2,000년 이상의 역사를 자랑한다. 혼의의 구조는 천체를 관측하는 데 사용하는 조준경과 망통望筒, 규형窺衡 이렇게 크게 세 부분으로 나눌 수 있다. 앞뒤에 낸 작은 구멍 2개를 통해 관측하려는 천체를 조준한다. 각종 동그라미(이들은 각 좌표 체계를 나타낸다.)에서 조준기의 위치는 어떤 숫자를 이용하여 나타낼 수 있는데 이것이 바로 관측하려는 천체의 좌표이다. 각 동그라미는 적도 좌표, 지평 좌표, 황도 좌표를 나타내며 이처럼 혼의는 다양한 용도로 사용할 수 있다. 혼의에는 계기를 지탱하는 지지대가 달려 있는데, 주로 용 여러 마리가 휘감고 있는 모습을 조각하여 중국인의 예술적 특징을 반영했다. 사람들이 흔히 말하는 이른바 4대 혼의, 즉 한현부韓顯符(940~1013), 주종周琮(?~?)과 서역간舒易簡(?~?), 심괄沈括(1031~1095), 소송蘇頌(1020~1101)이 각각

곽수경이 만든 관성대觀星臺 유적

만든 혼의는 모두 북송 시대의 것이다.

특히 중요한 점은, 새로운 천문학 개념이 추가될 때마다 혼의에도 그에 상응하는 환(環)을 추가하여 새로운 개념을 표현했으므로, 후대로 갈수록 환의 개수가 계속 늘어갔다. 이처럼 상호 교차하는 환이 천구의 많은 부분을 가렸기 때문에 관측 가능한 범위가 줄어들었다. 그래서 북송 시대의 심괄은 과감히 '백도환'白道環을 없애고 수학의 힘을 빌려 달의 위치를 구했다. 원나라 때에 이르러 곽수경郭守敬(1231~1316)은 또 다시 과감한 혁신을 가했다. 그는 백도환에 이어 황도환마저 없애고 그 대신 지평 좌표와 적도 좌표를 포함했다. 어떻게 보면 '분해된 혼의'라고 할 수 있는 이것은 일종의 적도식赤道式 관측 기기의 효시로서 '간의'簡儀라고 불렸다.

곽수경은 적도식 천문 관측 기기의 창시자이다. 서양의 경우 그로부터 300여 년이 지나서, 덴마크의 유명한 천문학자 티코 브라헤가 이와 비슷한 기기를 만들었다. 이에 대해 덴마크의 천문학자 드레이어J. L. E. Dreyer(1856~1926)는 다음과 같이 말한 바 있다.

"여기에 중국인의 위대한 발명이 서양보다 몇 세기나 앞선다는 두 가지 주목할 만한 증거가 있다. 중국은 13세기에 이미 티코 브라헤와 같은 적도 혼의를 발명했는데 이는 실로 놀라운 일이다. 그들은 티코 브라헤가 1585년의 혜성과 그 밖의 혜성, 그리고 행성을 관측하는 데 사용했던 대형 적도 혼의와 비슷한 기기를 이미 갖고 있었다."

천문학자 톰 존슨Tom Johnson(1923~2012) 역시 "알렉산드리아든 말라카의 천문대든, 곽수경이 만든 간의와 같이 완벽하고 효율적이며 간단한 기기는 없다. 사실 오늘날의 적도 기기는 본질적으로 크게 달라진 것이 없다."라고 말했다.

이 밖에도 소송蘇頌, 한공렴韓公廉 등은 태평혼의太平渾儀를 기반으로 수운의상대水運儀

象臺를 설계했다. 이는 대형 관측기기로서 소형 관측대의 역할도 하며, 자유롭게 해체하고 조립할 수 있다. 즉, 근대의 천문대에서 적도의실赤道儀室의 꼭대기 원형 부분을 자유롭게 움직이도록 설계한 최초의 기기인 셈이다.

관측대 내부에는 혼의와 기계를 회전시키는 장비가 결합되어 있어서 '시계식 회전 장치clock drive(지구의 자전을 보정하여 망원경이 항상 똑같은 천구를 가리키도록 만들어 주는 장치)'의 역할을 할 수 있다. 이 중에서 천관天關, 천쇄天鎖 등 일련의 기계는 오늘날 시계의 핵심 부품인 탈진기脫進器(일정한 시간 간격으로 기어를 한 톱니씩 회전시키는 장치. 시계 속도를 일정하게 유지하는 역할을 한다.)의 모태가 되었다. 이것 역시 송·원 시대 천문 관측 기기의 위대한 공적이다. 송나라의 천문학자는 '누호漏壺(물시계)'와 '규표圭表'의 측정 정밀도를 높이는 데도 심혈을 기울였다.

곽수경이 주도하여 제작한 '수시력授時曆'은 고대 중국에서 가장 정밀하고 우수한 역법이며 수시력에서 채택한 숫자 계산 방식은 당시 세계에서 가장 정밀하고 가장 앞서 있었다. 특히 주목할 점은 수시력이 오로지 실측에 기반을 두고 제정되었다는 사실이다. 역법 제정을 위해 곽수경은 훌륭한 천문 관측 기기를 다양하게 제작했다. 1279년 곽수경은 쿠빌라이 칸(몽골 제국

곽수경이 만든 혼천의. '혼천의渾天儀'란 '혼의渾儀'와 '혼상渾象'을 합친 말이다. '혼의'는 천체 구면 좌표를 측정하는 기기이고, '혼상'은 고대에 천문 현상을 보여 주는 계기로 중국 후한 시대의 천문학자인 장형이 최초로 만들었다.

난징 즈진산 천문대에 설치한 고대 중국의 천문 관측 기기인 '간의簡儀'

의 제5대 칸Khan이자 원나라의 초대 왕, 재위 1260~1294)의 지원 아래 남쪽의 남중국해에서 북쪽의 시베리아까지 남북 1만 1,000km, 동서 6,000km에 이르는 광활한 지역에 관측소 27개를 건설하고, 하지夏至와 동지冬至 날 태양 그림자의 길이와 밤낮의 길이, 북극의 고도 등을 측정했다. 이는 승려 일행이 진행한 측정보다 더 큰 규모를 자랑했으며 여기서 얻은 수많은 자료는 역법 제정에 유용하게 쓰였다. 곽수경은 천문 관측을 통해 1년이 365.2425일임을 알았고 이를 수시력에 반영했다. 또한 황도의 끼인각과 28수의 거리를 새로 측정하여 수시력의 정밀도를 높였다.

그러나 안타깝게도 이런 상황은 오래가지 못했으며 이후 중국 천문학은 서양에 크게 뒤처지게 되었다.

아라비아 천문학

아라비아 제국의 천문학은 '이슬람 천문학', '아랍 천문학' 등 다양한 이름으로 부르며 시기적으로는 7~8세기경부터 13세기 중기 몽골족이 서아시아를 점령했을 때까지이며, 때로 그 이후 일정 기간을 포함하기도 한다. 이슬람 천문학은 선인先人들이 남긴 방대한 천문학 유산을 기반으로 성립한 것으로, 고대 그리스-로마, 페르시아, 심지어 인도의 천문학을 모태로 삼는다. 이 기간 동안 이슬람 천문학은 바그다드 학파, 카이로 학파, 서西아라비아 학파 이렇게 세 학파로 형성되었다.

바그다드 학파

아라비아 천문학은 서양의 시스템에 속한다. 아라비아 국가가 출현하기 전, 우마이야 부족 중 일부가 비잔틴 제국의 군인이 되었는데 그중에는 문관文官으로 활동하면서 그리스 문화를 익히기도 했다. 서기 661년, 우마이야 부족은 시리아를 통일하고 다마스쿠스에 수도를 정했다. 이들은 이후 계속해서 판도를 확장하여 거대한 우마이야 왕조Umayyad dynasty(661~750)가 되었다. 우마이야 왕조는 바빌로니아, 페르시아 천문학의 유산을 직접 수용했다. 그들은 훌륭한 천문학자를 모았고 서기 700년 다마스쿠스에 천문대를 세워 아라비아 천문학 발전에 튼튼한 기반을 만들었다.

8세기 중반, 아바스 왕조^{Abbasid dynasty}(750~1258)가 출현하여 바그다드^{Bagdad}(현재 이라크의 수도)에 수도를 정했다. 이로써 바그다드는 점차 세계 천문학의 중심지로 성장했다. 아바스 왕조는 바빌로니아와 페르시아 천문학의 유산을 받아들였고, 우수한 과학자를 모아 인도와 고대 그리스 천문학 서적을 번역하도록 했다. 아바스 왕조의 제7대 칼리파^{khalifa}('뒤따르는 자'라는 뜻의 아랍어로 무함마드가 죽은 후 이슬람 공동체나 이슬람 국가의 최고 지도자 또는 최고 종교 권위자가 갖는 칭호이다.)인 알 마문^{al-Ma'mūn ibn Ar-Rashīd}(재위 813~833)은 서기 828년 바그다드에 '지혜의 궁^{Bayt al-Hikmah}'을 세우고 대대적인 번역 사업을 시행했다. 프톨레마이오스의 명저 《알마게스트》가 바로 이 시기에 아랍어로 번역되었다. 829

15세기 초반의 한 육필 원고에 등장하는 이슬람 천문학자들이 일하는 모습. 천문학자들은 서서 아스트롤라베^{Astrolabe}(태양, 달, 행성, 별의 위치를 예측하는 정교한 천문 도구. 그리스어로 '별을 붙잡는 것'을 의미)로 보이는 계기를 사용하여 천체의 위도를 측정하고 있다. 그 옆에서 조수 4명은 소형 아스트롤라베를 이용하여 천문학자가 관측한 값을 대조하고 이를 기록하고 있다.

년, 알 마문은 바그다드에 천문대 건립을 명령했다. 이후 바그다드는 점차 천문학의 중심지가 되었고 자연스럽게 바그다드 학파가 출현했다.

아부 마샤르Abu Ma'shar(?~832)는 바그다드 학파를 이끈 중심인물이다. 그는 바그다드 천문대 건설을 지휘했고 경도의 차가 1°일 때 자오선의 길이를 측정하기도 했다. 그는 저서 《역수서曆數書》에서 수성과 금성의 위치

바그다드 천문대에서 연구에 몰두하고 있는 이슬람 천문학자. 이 그림에는 수많은 천문 관측 기계가 보인다.

를 계산할 때 이들을 태양의 위성으로 간주했는데, 이는 고대 그리스의 학자 헤라클레이토스가 제시한 체계와 비슷하다.

천문학자 알 파르가니Al-Farghani(?~850)는 《천문학 개설》을 발표했는데, 이는 사실 프톨레마이오스의 《알마게스트》를 알기 쉽게 풀어쓰고 축약한 책으로 아라비아 천문학의 탄생에 크게 공헌했다.

아부 마샤르가 지휘하는 바그다드 천문대

프톨레마이오스는 '세차 상수歲差常數가 백년마다 1°'라고 생각했지만, 타비트 이븐 쿠라abu' l'Hasan Thâbit ibn Qurra Marwân al'Harrani(826-901)는 중국 이외 천문학자로는 최초로 이 값이 1°보다 크다고 생각했다. 또한 그는 황도-적도 교차각(적도 평면과 황도 평면 사이의 끼인각)을 23°35'으로 관측했는데 이 값은 프톨레마이오스가 측정한 23°51'보다 더 정밀하다. 그러나 쿠라는 프톨레마이오스의 관측 결과가 부정확하다고 생각하는 대신, 황도의 교점이 황도의 서쪽으로 이동할 뿐 아니라 반지름이 4°이고 주기가 4,000년인 작은 변화 때문에 생긴 결과라고 생각했다. 이것이 바로 그가 제시한 '진동이론oscillatory movement'이다. 당시 대다수 아라비아 천문학자는 그의 이론을 '아라비아 천문학의 쾌거'라며 높이 평가하고 받아들였지만, 사실 이는 잘못된 이론이었다.

알 바타니al-Battânîal-Harrânîas-Ṣabi'(858?~929)는 아라비아를 대표하는 가장 훌륭한 천문학자로 유럽에 가장 큰 영향을 주었다고 평가받는다. 아라비아 천문학의 많은 중요한 성과가 바로 그의 손에서 이루어졌다. 예를 들어 그는 천체 489개를 수록한 책을 펴냈고 1년의 길이를 365일 5시간 48분 24초로 계산했다. 또 춘분점과 추분점의 세차를 54.5″로, 황도-적도 교차각을 23°35'(현재는 23°26')으로 측정했다. 이 값들은 서기 2세기 프톨레마이오스가 쓴 《알마게스트》에 나오는 값보다 훨씬 정확하다. 알 바타니는 지구가 타원 궤도 위에서 움직이고 있다고 주장했으며, 태양의 원일점遠日點(태양을 도는 행성이 태양으로부터 가장 멀리 떨어진 곳의 위치)이 '진동'하고 있음을 발견했다. 이를 쉬운 말로 풀이하면 '지구의 궤도는 끊임없이 변하는 타원'이라는 뜻으로 알 바타니의 가장 유명한 발견이다. 그는 또 금환일식金環日蝕(태양의 가장자리 부분이 남아 마치 반지처럼 보이는 일식)이 아마도 개기일식皆既日蝕(태양 전체가 가려지는 일식)의 한 종류라고 생각했다. 태양 운행에 관한 그의 관측은 코페르니쿠스보다 훨

오스만 제국(1299~1922) 시대 한 천문학 관련 육필원고의 삽화. 이슬람 천문학자가 대형 혼의를 이용하여 천체 운행을 관측하고 있다.

씬 더 정밀했고, 몇 세기가 지난 뒤 앞에서 말한 유럽 천문학자들에게 영향을 주었다.

알 바타니 이후, 천문학자 알 수피 Abd al-Rahman al Sufi(903~986)가 쓴 《붙박이별에 관한 책Book of the Fixed Stars(964)》은 이슬람 천문학 관측에 관한 3대 걸작 가운데 하나로 꼽힌다. 알 수피는 천문을 직접 관측한 뒤 이를 바탕으로 책에서 항성 48개의 위치와 등급, 색깔을 기록했다. 또 정밀한 성도를 그렸고 각 항성의 황경黃經과 황위黃緯 및 등급을 나열한 성표星表도 만들었다.

알 수피는 또 수많은 천체의 명칭을 감정하여 여러 가지 천문학 용어를 만들어냈다. 알타이르Altair('견우성'이라고도 함), 알데바란Aldebaran, 데네브Deneb 등 오늘날 널리 쓰이는 별 이름은 대부분 그가 명명한 것이다. 알 수피가 만든 성도는 항성의 밝기를 기록한 귀중한 초기 자료이다. 서기 964년, 그는 안드로메다자리를 최초로 기록했다. 이처럼 알 수피가 천문학계에 미친 공로는 지대하다. 그의 업적을 기리기 위해 그의 이름을 딴 '알 수피 성단'이 등장했고 국제천문학회는 달 표면의 크레이터crater(행성이나 위성 등의 표면에 역원뿔형, 원통형, 타원통형으로 움푹 파인 지형으로 주로 화산 활동이나 운석의 충돌, 가스 분출 때문에 생긴다.)에 그의 이름을 붙였다.

알 비루니al Biruni(973~1048)는 그 당시 이론과 실제 모든 분야에서 뛰어난 '천재'라고 할 수 있으며 특히 천문학과 수학에서 큰 업적을 남겼다. 그는 천문학, 지리학, 민족학을 집대성한 1,500쪽에 달하는

저명한 아라비아 천문학자 알 수피. 그는 프톨레마이오스의 《알마게스트》를 수정하여 수많은 성도를 직접 그렸다.

알 수피가 그린 궁수자리Sagittarius('인마궁人馬宮'이라고도 함) 그림

방대한 백과사전 《마수디 법전al-Qanun al-Mas'udi》을 썼다. 이 책에서 그는 태양 원지점의 운동을 측정했고 또 이것과 세차의 변화에 미묘한 차이가 존재한다는 사실을 최초로 밝혔다. 알 비루니는 또 지구가 자전한다고 생각했다. 그가 동시대를 살았던 저명한 의사 이븐 시나(980~1037)에게 보낸 편지에서 지구는 태양 주위를 돈다는 학설을 얘기했고 심지어 행성의

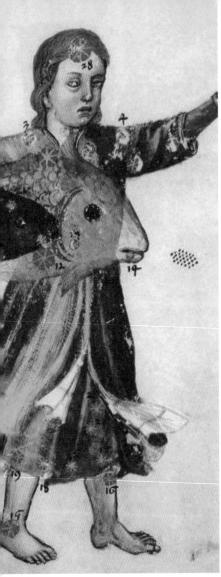

알 수피가 그린 물고기자리Pisces('쌍어궁雙魚宮'이라
고도 함) 그림

궤도는 원이 아닌 타원이라고 말하기도 했다. 지구가 태양 주위를 돈다는 생각은 그의 또 다른 천문학 백과사전 《점성학의 원리at-Tafhim》에도 등장한다. 그는 만약 지구가 태양 주위를 돈다고 가정하면 나머지 천체의 운행을 쉽게 설명할 수 있다고 말했다. 또 오늘날 우리가 말하는 은하수가 '무수한 각종 별의 집합체'라는 사실을 발견하기도 했다.

1258년, 칭기즈칸의 손자 훌라구Hulagu(1217?~1265) 칸이 바그다드를 점령하여 일한국汗國(1258~1353)을 창건했다. 이로써 500여 년을 이어온 아바스 왕조는 멸망했고 바그다드 학파 역시 뿔뿔이 흩어졌다. 하지만 천문학을 중요시했던 훌라구는 알 투시Naṣīr ad-Dīn at-Ṭūsī(1201~1274)의 의견을 받아들여 이란 북서부에 웅장한 말라카 천문대를 세웠다. 이 천문대가 보유한 천문 관측 기기는 그 당시 최고 수준이었다. 1271년 알 투시는 유명한 《지즈이 일하니Zij-i Ilkhani》('일한국의 역서'라는 의미)를 완성했다. 알 투시는 행성 이론 분야에서 프톨레마이오스의 주원 - 주전원 체계를 반박하고 하나의 구球가 다른 구 안에서 움직이는 기하학 도형을 고안하여 행성의 겉보기운동을 설명했다.

티무르 제국Timurid dynasty(1370~1526)은 수도 사마르칸트Samarkand(현재 우즈베키스탄 중동부에 위치한 도시)에 천문대를 건설했다. 이 천문대는 당시 세계에서 반지름이 가장 큰 40m 상한의象限儀(망원경이 발명되기 전에 사용했던 천체 관측 기기. 부채꼴의 중심점과 천체를 연결한 선을 눈금으로 읽어 천체의 고도를 측정했다.)를 보유했는데 그 호弧 위에 새긴 눈금 1mm가 크기 5″에 해당한다. 울루그 베그Ulugh Beg(티무르 제국의 4대 술탄, 1394~1449)는 1447년에 유명한 《귀레겐(칭기즈칸 가문의 사위를 말한다.) 천문표天文表》(또는 '울루그 베그 천문표'라 부르기도 한다)를 편찬했다. 이 천문표에는 모두 1,018개의 별의 위치를 밝히고 있는데, 모두 울루그 베그 등이 직접 장기간 관측한 자료이다. 이는 프톨레마이오스 이후 최초의 독립적인 천문표이며, 티코 브라헤의 천문표가 발표되기 전 최고의 정밀도를 자랑한다.

카이로 학파

909년, 아프리카의 튀니지와 이집트에 독자적인 이슬람 국가인 파티마 왕조Fatimid dynasty(909~1171)가 들어섰다. 이 왕조는 10세기 말 카이로로 수도를 옮긴 뒤 서아시아와 북아프리카의 강국으로 떠올랐다. 특히 알 하킴al-Hakim(재위 996~1020) 칼리파의 통치 기간에 카이로 학파를 대표하는 천문학자 이븐 유누스Ibn Yunus(950~1009)는 지난 200여 년간의 천문 관측 기록을 토대로 《알 하킴 역표》를 완성했다. 또 정투영正投影(화면에 수직인 빛을 물체에 쬐어 그 형상을 비쳐내는 투영법) 방식으로 구면삼각함수 문제를 풀기도 했다.

이븐 유누스의 천재성은 계산의 세밀함과 정확성에서 발휘되었다. 예를 들어 그는 지평선에 투사된 빛이 반사하면서 생기는 오차에 주목했고, 관측 대상 물체의 각거리角距離(angular distance, 관찰자에서 멀리 떨어진 두 점 a, b를 관찰자와 연결했을 때 두 선분이 이루는 각) 40′을 최초로 산출해냈다. 그는 30회에 걸친 월식 관측 기록을 남겼는데 이는 매우 정확하고 신뢰도가 높았으므로 이후 근현대의 천문학자들, 특히 시

알 수피가 그린 전갈자리Scorpius 그림

몬 뉴컴Simon Newcomb(1835~1909)이 달의 장기 가속도를 연구하는 데 귀중한 자료가 되었다.

이 밖에도 이븐 유누스는 춘분점과 추분점을 7회, 하지점을 1회 관측하여 기록으로 남겼다. 이들 자료는 달이 지구를 공전할 때 가속도 운동을 한다는 점과 지구의 자전 속도가 불규칙하게 변화한다는 것을 연구하는 데 소중하게 활용되었다.

서(西)아라비아 학파

스페인 일대에서 활약한 또 다른 아라비아 천문학파는 서아라비아 학파였다. 8세기 중반 우마이야 왕조가 멸망했을 때, 왕가의 후예 한 명이 수도 다마스쿠스를 탈출하여 멀리 스페인에 도착했으며 후에 이곳에서 후後 우마이야 왕조(756~1031, '코르도바 칼리프국' 또는 '서칼리프국'이라고도 한다.)를 창건했다. 이곳 스페인의 톨레도Toledo 일대에서는 점차 아라비아 천문학이 발달하여 '서아라비아 학파'를 형성했다. 이들은 주로 고대 그리스 천문학의 영향을 받았으며 프톨레마이오스의 지구중심설에 대해 새로운 주장을 펼치기도 했다.

이 학파의 대표 인물인 알 자르칼리al Zarqali(라틴명은 Arzachel, 1029~1087)가 1080년에 만든 《톨레도 천문표》는 유럽에서 200년 가까이 사용되었으며 13세기가 되

어서야 《알폰소 목록Tablas Alfonsíes(1252년)》으로 대체되었다. 알 자르칼리는 이 밖에
도 《태양의 운동에 관하여論太陽的運動》, 《아스트롤라베astrolabe》, 《행성의 천구층에
관하여論行星天層》 등 저서를 남겼다. 《태양의 운동에 관하여》에서 그는 25년간 관
측한 기록을 수록했고 태양의 원지점遠地點이 229년마다 황도 위에서 1°를 이동한다
는 사실을 밝혔다. 《아스트롤라베》에서는 아라비아인이 자주 사용하는 천문 관측
기기 아스트롤라베의 구조와 사용법을 설명했다. 《행성의 천구층에 관하여》에서
그는 프톨레마이오스가 주원-주전원 체계를 통해 수성의 운행을 설명한 것을 반
박하고 연역법을 이용하여 수성이 타원 궤도로 운행한다는 사실을 증명했다.

우주 체계 문제에 관하여 서아라비아 학파의 많은 천문학자가 프톨레마이오스
의 주원-주전원 체계를 부정했고, 올바른 우주 체계를 구축하려고 노력했다. 그
이유는 행성(즉, 5대 행성인 금성, 목성, 수성, 화성, 토성)이 어떤 기하학 점點의 주위를 도는
것이 아니라 어떤 물질로 이루어진 물체의 주위를 운행해야 하기 때문이다. 따라

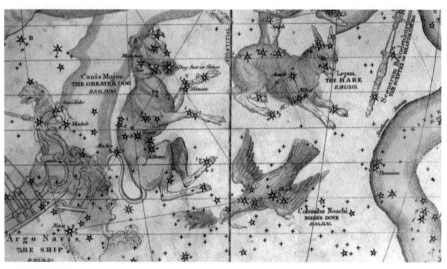

이슬람 천문학자가 그린 성표

이슬람 천문학자가 그린 별자리 그림. 오스만 제국 시대의 한 친필 원고에 나온다.

서 그들은 아리스토텔레스가 받아들였던 에우독소스의 '동심천구 이론'을 토대로 소용돌이 운행 이론을 제시했다. 즉, 행성의 궤도가 '나선형' 모양이라고 주장했다.

스페인은 지리적 특성으로 인해 이슬람 천문학이 유럽으로 퍼지는 주요 통로였으며 동시에 당시 유럽 지역 대부분을 지배하던 기독교 신학에 큰 타격을 가했다. 훗날 코페르니쿠스 학설이 등장하고 르네상스가 출현한 것도 스페인에서 활동한 이슬람 천문학자와 깊은 연관이 있다.

과학사科學史 학자 조지 살리바는 아라비아 제국의 천문학과 코페르니쿠스 천문학의 연관성에 대해 다음과 같이 말했다. "코페르니쿠스 천문학이 우리에게 가져다 준 이른바 '코페르니쿠스 혁명'이라는 개념을 얘기할 때, (중략) 코페르니쿠스의 천문학과 그보다 앞선 시기에 아랍어로 책을 쓴 천문학자들 사이의 '융합'을 상상하기는 어렵지 않습니다. 바꿔 말하면, 아라비아 천문학과 코페르니쿠스의 천문학 사이의 경계선이 흥미롭게도 매우 모호하다는 사실을 어렵지 않게 이해할 수 있다는 것입니다."

중세 이슬람 천문학자는 아리스토텔레스의 학설을 매우 높이 평가했다. 이 삽화는 아라비아 전통 복장을 한 아리스토텔레스가 마찬가지로 아라비아 전통 의상을 입은 제자들에게 천문학을 가르치고 있는 모습이다.

유럽의 천문학

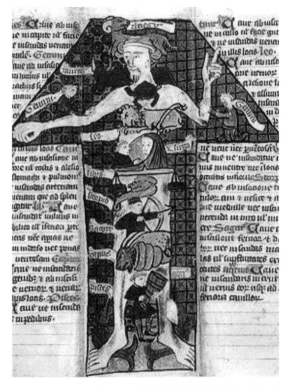

중세의 한 육필원고. 인체의 각 부위가 특정한 별자리와 연관되어 있다. 이를 통해 점성술이 큰 힘을 떨치고 있었음을 알 수 있다.

유럽 천문학은 중세 전반기에 정체되고 심지어 후퇴했지만 후반기에 이르러 서서히 다시 발전하기 시작했다. 하지만 전반적으로 볼 때 1,000여 년에 이르는 중세 시대는 그야말로 유럽 천문학의 암흑기였다. 서기 4세기 이후 게르만족이 대규모로 로마 제국으로 이주했다. 그들은 로마 제국의 폭압 정치에 불만을 품고 봉기를 일으켜 마침내 476년 서로마 제국을 멸망시켰다. 이에 따라 유럽 각지에는 수많은 왕국이 탄생했다. 동시에 기독교가 유럽 전역으로 빠르게 퍼지면서 새로 탄생한 군주 국가는 대부분 정교일치政敎一致, 신학지상神學至上의 왕국이었다. 이처럼 종교와 정치가 하나가 된 왕국에서 고대 그리스의 훌륭한 천문학 이론은 무시되었고, 《성경》 및 교회 성직자가 《성경》의 교리를 번역한 책은 우주의 구조를 설명하는 유일한 합법적 서적이 되었다. 당시 서유럽 사람들은 그리스 과학자의 학설을 전혀 이해하지 못했고, 심지어 지구가 공처럼 생겼다는 주장마저 이단으로 몰렸다. 그 대신 성경의 내용이 우주 체계의 새로운 근거로 자리매김했다. 이 시기 천문학이 여전히 고등 교육의 필수 과목이었던 이유는 주로 교회 신도에게 부활절 날짜를 정확하게 계산하는 법을 가르치기 위해서였다.

예를 들어 《구약전서·이사야》 40장 22절에는 다음과 같은 내용이 나온다.

"그는 땅 위 궁창穹蒼(아치 모양의 하늘)에 앉으시나니 땅의 거민居民들은 메뚜기 같으니라. 그가 하늘을 차일遮日같이 펴셨으며 거할 천막같이 베푸셨고."

신학자들은 시적인 정취가 가득한 이 문학 언어를 '아치 모양의 하늘이 원반 모양으로 생긴 대지를 덮고 있는 우주의 모습'을 묘사하고 있다고 해석했다. 6세기의 이집트 신학자 코스마스Cosmas는 12권으로 된 《그리스도교의 지지학Topographia Christiana(535경~547)》을 펴냈는데 이 책에서 기독교 성전聖殿의 구조를 이용하여 우주를 묘사했다. 예를 들어 성전에서 공물을 넣어두는 탁자는 대지大地를 나타낸다고 생각했다. 이 탁자가 직사각형으로 생긴데다 동서 방향으로 놓였으므로 대지 역시 분명히 직사각형으로 생겼고 동서 방향이 남북 방향보다 길다고 여겼다. 이는 유치하기 짝이 없는 고대의 우주론으로 되돌아간 것이다. 하지만 당시 유럽은 자연경제 수준에 머물러 있었고 수공업의 생산성도 매우 낮았으므로 이런 주장에 반발하는 사람은 거의 없었다.

중세 초기에 엄밀한 과학에 기반을 둔 천문학이 냉대를 받으면서 자연스럽게 점

중세의 한 육필원고에 나오는 삽화. 프랑크 왕국의 한 천문학자가 아스트롤라베를 가지고 천체를 관측하고 있다.

술, 예언 등을 기반으로 하는 점성술이 학자들의 주요 관심 대상으로 떠올랐다. 물론 이런 상황이 나타난 것이 갑작스러운 일은 아니다. 이미 로마 시대부터 많은 사람이 점성술의 예언을 깊이 받아들이고 신봉했다. 가령 서기 1세기 로마 제국이 전성기를 누릴 때, 한 점성술사가 별과 인간사 사이에 대응관계가 존재한다는 책을 썼는데, 이것이 나중에 광범위하게 확산되어 중세 유럽의 유명한 '황도 12궁과 인체의 대응설'로 발전했다.

14세기 독일의 점성술에 관한 한 필사본에는 황도 12궁과 이들이 관장하는 인체의 각 부위가 명확히 나타나 있다. 즉, 양자리-머리, 황소자리-목, 쌍둥이자리-두어깨, 게자리-가슴과 위, 사자자리-심장과 등, 처녀자리-배와 내장, 천칭자리-엉덩이, 전갈자리-방광과 생식기, 궁수자리-대퇴부, 염소자리-무릎, 물병자리-소퇴부小腿部, 물고기자리-발이다.

유럽의 점성술은 중세에 이르러 더욱 성행했다. 즉, 인간의 모든 활동이 점성술사의 말이나 계시와 밀접하게 관련되었다고 말할 수 있다. 유명한 일부 점성술사는 국왕의 최고 고문이 되기도 했으며, 국가의 주요 정치 활동을 결정하기에 앞서서 반드시 점성술사의 예언을 들어야 했다. 심지어 로마 교황은 대학에 점성술 과

목을 개설하도록 직접 명을 내리기도 했다.

　기독교가 지배하던 유럽이 고대 그리스와 아라비아 천문학을 다시 접하게 된 계기는 뜻밖에 10~13세기에 있었던 십자군 원정이었다. 시간 순서대로 보면 고대 그리스와 아라비아 천문학은 다음 세 가지 방향을 통해 유럽에 전파되었다. 첫 번째는 아라비아가 통치한 스페인이었다. 1085년 십자군이 스페인의 톨레도를 점령했고 아랍어로 번역한 고대 그리스의 과학 서적이 유럽 언어로 재차 번역되었다. 또 교회 측이 톨레도에 번역학교를 세우자 유럽의 많은 학자가 이곳에 몰려들어 이슬람의 과학 지식을 배웠다. 이탈리아의 제라르드(보통 '크레모나의 제라르드'라고 부름, Gerard of Cremona, 1114?~1187) 역시 그 중 한 명이었다. 그는 프톨레마이오스의 《알마게스트》를 포함한 서적 80여 권을 번역했다.

　두 번째는 시칠리아 섬Sicilia을 통해서였다. 이곳 대부분 주민은 라틴어와 아랍어, 그리스어를 구사할 수 있었으며, 그중 일

마크로비우스Ambrosius Theodosius Macrobius(서기 5세기경에 활동한 로마의 라틴 문법학자, 철학자)가 주석을 단 《스키피오의 꿈Somnium Scipionis》에 나오는 첫 번째 삽화. 이 그림에서 지구는 중심에 위치하고 주변에는 행성 7개가 있으며 바깥에는 움직이지 않는 항성이 늘어서 있다. 특히 은하가 항성으로 이루어져 있다고 표시된 점이 눈길을 끈다. '스키피오' 자신은 그림 아래쪽에서 자고 있고 나머지는 스키피오가 꿈속에서 만난 선인先人들의 영혼이다.

서기 1066년, 노르망디 공국의 공작 기욤(영어로는 '윌리엄 공작'이라고 부른다)이 잉글랜드를 공격하여 승리했다. 당시 핼리혜성이 하늘에 나타났는데 잉글랜드 사람들은 이 현상을 불길한 조짐으로 여겼다. 이 그림은 이러한 당시 상황을 묘사하고 있다.

부 사람은 유대인이었다. 1091년 시칠리아 섬이 십자군의 공격을 받아 함락되자 아라비아 천문학 서적의 일부가 유럽으로 전해졌다.

세 번째는 오스만 제국이 1453년 동로마 제국의 콘스탄티노플을 함락시키자 수많은 그리스 학자가 서쪽으로 탈출한 경우이다. 아울러 수력 터빈, 물레, 베틀, 마전기麻田機(생베나 무명을 삶거나 빨아 볕에 말려서 희게 만드는 기계), 수력 송풍기 등 많은 기계가 발명되었고 야금冶金, 유리 및 도자기 제조, 조선업 등 수공업이 발전하면서 서유럽에서는 초기 기술 혁명이 발생했다. 그 결과 실험 과학이 탄생하고 발전했으며 역학, 화학, 물리학 등 다양한 분야의 새로운 지식이 유입되었다.

생산력이 증가하면서 관측 천문학도 크게 발전했다. 예를 들어 뉘른베르크 Nürnberg에는 규모가 상당히 큰 천문 관측 기기 제조 공장이 생겼는데, 많은 우수한 수공업자가 이곳에서 아스트롤라베, 해시계, 자오의子午儀(천체가 자오선을 통과하는 시각과 위치를 정확히 관측하기 위한 기기), 상한의, 혼천의와 같은 고대 천문 계기를 생산하여 관측 천문학 발전에 크게 이바지했다. 뿐만 아니라 항해 산업이 발전하면서 해와 달, 별의 위치를 더욱 정확하게 관측하는 계기가 필요했고, 이것 역시 관측 천문학의 발전을 촉진했다.

13세기부터 유럽 각국에는 대학이 생겼다. 당시 대학은 세 종류였다. 첫 번째 유형은 옥스퍼드(12세기 초에 창설)와 케임브리지 대학(1209년에 옥스퍼드 대학에서 분리되었음)과 같이 교회가 세운 대학이다. 두 번째는 파두아 대학 University of Padua(1222년)과 같은 공립 대학으로 학생이 선출한 총장이 학교 업무를 총괄했다. 세 번째는 나폴리 대학 University of Naples Federico II(1224년)과 같은 국립 대학으로 국왕이 교황의 인가를 얻어 세웠다. 이들 대학은 고대 그리스의 문헌을 강의하는 커리큘럼을 속속 개설했는데 여기에는 프톨레마이오스의 천문학 지식도 포함되었다.

서기 4세기의 혜성이 일으킨 재난을 묘사한 목판화. 폴란드의 천문학자 스타니스와브 루비에니에스키 Stanislaw Lubieniecki(1623~1675)가 1668년 암스테르담에서 그린 작품으로 제목은 '혜성의 무대Theatrum Cometicum'이다.

그리스의 고전 과학이 유럽에 빠르게 확산되자 기독교계는 더 이상 이를 막을 방법이 없었다. 1227년 로마 교황청의 그레고리 9세(1227~1241)는 기존의 방식 대신 '당근과 채찍'을 병행하여 사상 통제에 나섰다. 그는 먼저 1230년 로마에 종교 재판소를 설치하여 이단 사상을 퍼뜨리는 자를 잔혹하게 박해했다. 또

독일 아우구스부르크Augusburg에 나타난 1680번, 1682번, 1683번 혜성의 모습

한 1231년에 고대 그리스 철학과 자연과학 서적을 재차 수정하고 주석을 달도록 명했다. 가령 스콜라 철학Scholasticism(8~17세기에 가톨릭 교회의 부속 학교에서 교회 교리의 학문적 근거를 체계적으로 확립하기 위해 이루어진 신학 중심의 유럽 철학)을 대표하는 이탈리아 철학자 토마스 아퀴나스Thomas Aquinas(1224?~1274)는 아리스토텔레스, 프톨레마이오스 등의 학설과 신학을 접목하여 유명한 '제1원동자의 논증'(하느님이 바로 모든 천구의 운행을 최초로 시작했다는 주장)을 발표했다.

프톨레마이오스는 지구가 우주의 중심에 위치하고 모든 천체는 지구 주위를 돈다고 우주의 체계를 설명한다. 또 지구에 가장 가까운 천체는 달이고 이어 순서

대로 수성, 금성, 태양, 화성, 목성, 토성, 항성 그리고 종동천이 있다고 믿었다. 이
것이 이른바 9중천九重天설이다. 프톨레마이오스는 행성의 운행에 대해서도 태양이
나 달과 마찬가지로 주원-주전원 및 이심원 이론을 가지고 설명했다. 하지만 관측

의 정밀도가 높아지고 관측 자료가 많
아지면서 발견되는 행성의 불규칙 운동
도 더 많아지고 더욱 복잡해졌다. 이런
복잡한 행성 운동을 설명하기 위해 프
톨레마이오스는 지구가 주원의 한쪽에
치우쳐 있을 뿐 아니라 주원을 따라 움
직이는 주전원의 중심 역시 불균일하
다고 주장했다. 그는 또 '등점等點(oquant)'
이라는 개념을 도입했다. 등점에서 주
전원의 중심까지 거리는 지구에서 주원
의 중심까지 거리와 같지만 방향은 서
로 반대이다. 또 주전원의 중심은 등점
에서 볼 때 등속 운동을 한다고 가정했
다. 이로써 천체가 등속 원운동을 한다
는 '완벽한 조화'가 유지되었고 천체의
운행 궤도를 최대한 관측 결과에 부합
하도록 만들 수 있었다.

　　기독교는 전능하신 창조주께서 하늘
과 땅을 창조했고, 땅 위의 만물을 관리

중세의 목각화. 그리스어 원서를 번역한 책을 공부하는 학술 연구진
을 묘사하고 있다. 아래쪽에는 로마의 작가인 도나투스Aelius Donatus,
프리스키아누스Priscianus, 키케로Marcus T. Cicero는 어법과 수사학을 상
징하고 있다. 보에티우스Anicius M. S. Boethius는 산술을 나타낸다. 아리스
토텔레스는 논리학을, 피타고라스는 음악을, 유클리드Euclid는 기하학
을, 프톨레마이오스는 천문학을 상징한다. 위쪽에는 3가지 철학이 묘
사되어 있는데, 세네카Lucius A. Seneca로 대표되는 도덕 철학 및 자연
철학, 페트루스 롬바르두스Petrus Rombardus로 대표되는 형이상학 또는
신학이 맨 위층에 있다. 롬바르두스의 《잠언箴言》은 신학에서 가장 기
본적인 장章이다.

중세 시대에는 거의 모든 사람이 프톨레마이오스(오른쪽)를 존경했다. 심지어 점성술사(왼쪽)마저도 예외가 아니었다.

하기 위해 인간을 만들었다고 설명한다. 이 교리에 따르면 지구는 창조주께서 만드신 인간이 살아갈 땅이므로 지구가 우주 공간에서도 특수한 지위를 갖는 것은 지극히 당연하다. 프톨레마이오스의 지구중심설이 바로 지구가 우주의 중심에 위치하고 고정되어 움직이지 않는다는 사실을 설명하고 있으므로, 기독교의 교리로 사용하기에 손색이 없었다. 따라서 프톨레마이오스의 우주 체계는 기독교의 확고부동한 진리로서 오랫동안 받아들여졌다.

프톨레마이오스의 우주 체계는 유럽 천문학, 나아가 근대 천문학 발전의 새로운 출발점이었다. 이후 중세의 유럽 천문학은 오랜 침체기에서 벗어나 새롭게 발전하기 시작했다. 스페인 카스티야-레온 왕국의 알폰소 10세^Alfonso X(재위 1252~1284)는 과학을 숭상하는 학자였으며, 즉위하기 전부터 이미 학자들에게 아랍어로 된 과학 서적을 라틴어로 번역하도록 적극 독려했다. 또 아라비아 학자 및 유대 학자를 모아 알 자르칼리의 《톨레도 천문표》를 수정하도록 지시했고, 즉위하자마자 이를 《알폰소 목록》이라는 이름으로 반포했다. 《알폰소 목록》은 유럽에서 널리 전파되었고 이후 200년간 거의 모든 유럽 국가에서 유용하게 쓰였다. 일설에는 알폰소 10세가 프톨레마이오스의 우주 체계가 너무 복잡하고 조화롭지 못한 것에 불만을 터뜨리며, "하느님께서 이 세상을 창조하실 때 내게 자문을 구했다면 하늘의 질서는 좀 더 질서정연했을 것이다."라고 말했다고 전해진다. 하지만 그는 이 발언으로 교회로부터 이단으로 몰렸고 결국 1282년 파문을 당하고 말았다.

13세기의 천문학자 요하네스 데 사크로보스코[Johannes de Sacrobosco](1195~1256, 영국인 또는 아일랜드인으로 알려져 있으며, 'John of Holywood'라고도 함)는 1220년에 발표한 《천구론[Tractatus de Sphaera]》에서 지면천문학[地面天文學]을 간단명료하게 설명하여 천문학이 유럽에 확산되는 데 크게 기여했다. 이 책은 여러 가지 번역본이 있으며 17세기 말까지 널리 사용되었다.

15세기 오스트리아의 저명한 천문학자이자 빈 대학 교수인 게오르크 포이어바흐[Georg von Peuerbach](1423~1461)는 《천구론》을 보완하기 위해 《천문학 편람[天文學手冊]》을 썼다. 또 《행성의 새 이론[Theorica nova planetarum]》을 저술하여 프톨레마이오스의 행성 이론을 자세히 설명했다. 이 책은 이후 200여 년간 56판을 찍었다. 그의 제자이자 파트너인 레기오몬타누스[Regiomontanus](본명은 요한 뮐러[Johann Müller](1436~1476))는 뉘른베르크에 천문대를 세우고 1475~1506년의 항해 달력을 편찬했다. 이 달력은 콜럼버스의 신대륙 발견에 사용되었다.

당시 자본 축적에 몰두하고 있던 유럽인들은 동양의 부와 황금에 큰 매력을 느

중세 신학자의 생각을 나타낸 그림. 전능하신 창조주께서 우주에 최초의 힘을 가하고 있다. 하느님께서 가장 바깥쪽 천구를 돌렸기 때문에 전 우주가 따라서 운행을 시작했다.

16세기 목판화. 한 항해사가 천문학자에게 십자의十字儀를 사용하는 법을 배우고 있다.

졌다. 따라서 신항로 개척을 서둘렀고 이는 유명한 '대항해 시대'를 여는 촉매제가 되었다. 1497년 포르투갈의 바스코 다 가마Vasco da Gama(1460~1514)는 아프리카의 남쪽 끝 희망봉을 돌아 인도의 남서부 해안에 도착했다. 1492년 이탈리아의 콜럼버스는 서쪽으로 대서양을 횡단하여 카리브제도(서인도제도)를 발견했다. 그는 이어진 3차례 항해에서 신대륙(중남미 대륙의 일부 지역)을 발견하고는 이를 인도라고 굳게 믿었다. 후에 그것

이 미지의 대륙이라는 사실을 알게 된 포르투갈인 마젤란Fernão de Magalhães(1480?~1521)은 스페인을 출발하여 태평양을 가로질러 필리핀에 도착했다. 그가 필리핀에서 살해된 후에도 동료들은 항해를 계속하여 과거 포르투갈인이 지나온 항로를 비슷하게 따라서 스페인으로 되돌아왔다.

콜럼버스와 마젤란 등과 같이 서쪽으로 항해해도 예전 탐험가가 동쪽으로 항해했던 곳에 도착할 수 있으므로 우리가 살고 있는 지구는 구 모양이라는 사실이 입증된 것이다. 이는 인류 역사상, 그리고 지리 및 천문학 역사에서 중요한 일대 사건이었다.

유럽에서 동방으로 가는 신항로 개척, 아메리카 신대륙 발견, 세계 일주 성공 이 모두는 유럽 자본주의 국가가 새로운 시장을 개척하고 자연과학이 한층 더 발전하는 데 크게 기여했다. 특히 원양 사업이 발전하면서 항해사들은 선박의 위치를

이탈리아의 천문학자이자 수학자인 니콜 오렘Nicole Oresme(1320~1382)이 서재에서 연구하는 모습

결정하고 항로를 수정하기 위해 천체의 운동 방향과 고도를 이용했다. 이 때문에
기존 천문학의 관측 방법을 개량할 필요성이 생겼고, 이는 천문학의 발전을 더욱
촉진했다.

라틴아메리카의 천문학

아즈테카인의 업적

아즈테카^{Azteca}(오늘날 멕시코 지역에 존재했던 제국, 1200~1521)인은 선조들이 남긴 천문학 지식을 토대로, 오랜 기간의 관찰을 통해 천체 운행을 어느 정도 이해하고 있었다. 그들은 실제 관측을 바탕으로 일식과 월식이 나타나는 시간을 예측했고 이를 연표로 만들었다. 뿐만 아니라 수성, 토성, 금성 등 육안으로 관찰할 수 있는 일부 행성의 운행 주기와 궤도도 기록했다. 이와 같이 아즈테카인은 수학을 상당히 높은 수준으로 발달시켰고 매우 정확한 계산 방법을 알고 있었다. 안타깝게도 그들의 수학 계산 방법이 어땠는지 정확한 기록은 남아 있지 않다.

아즈테카인은 태양과 달의 운행 규칙과 계절에 따른 자연현상의 변화를 토대로 자신만의 역법을 다양하게 제정했다. 첫 번째 역법은 '태양력'이다. 그들은 1년을 18개월 365일로 나눴고, 1달을 20일로 정했으므로 매년 5일이 남았다. 또 4년에 한 번씩 윤년을 두어 하루를 추가했다. 또 다른 역법은 '음력'이다. 그들은 1년을 13개월, 260일로 나눴고, 1달은 태양력과 마찬가지로 20일이었다. 그래서 두 역법은 52년마다 겹친다.

마야의 고대 천문대. 여러 건축물의 일부로 피라미드 꼭대기의 관측 지점에서 바깥을 내다보았다. 동쪽, 북동쪽, 동남쪽 사원은 각각 춘분(또는 추분), 하지, 동지에 태양이 뜨는 방향이다.

아즈테카인은 자신의 역법을 크게 4가지 용도로 사용했다. 첫째, 농업 분야에서 농경 시기를 결정하고 생산 활동을 지도하는 데 사용했다. 둘째, 연대 기록 분야에서 역사의 발전 과정과 역사적 사건을 기록하는 데 썼다. 셋째, 제사 분야에서 제사 의식을 거행하는 구체적인 날짜를 정하고 사람들의 종교 및 기념일 활동을 지도하는 데 이용했다. 넷째, 천문 분야에서 천체의 운행 규칙과 천문 현상을 기록하는 데 활용했다.

위대한 마야인

라틴아메리카 대륙에서 가장 뛰어나고 찬란한 고대 문명을 탄생시킨 이들은 다름 아닌 마야^{Maya}(기원 전후~9세기에 고대 멕시코 및 과테말라를 중심으로 번성한 인디오 제국)인이었다. 그들의 천문학은 오늘날 우리가 보기에도 놀라울 정도로

마야인의 성도

크게 발달했다. 마야인은 매우 풍부한 천문학 지식을 자랑했다. 그들은 태양 운행을 관측하여 '1년 = 365.242일'을 얻었는데 이는 오늘날 관측 값인 365.2423일과 비교하면 거의 차이가 없다. 마야인은 달의 운동도 관찰하여 '1달 = 29.5302일'을 얻었는데 이 값 역시 현대 천문학에서 계산한 29.53059일과 비교하면 오차가 무의미할 정도로 정확하다. 그들은 행성과 항성, 별자리도 관측하여 기록했으며 행성이 태양 주위를 도는 주기를 계산했다. 가령 금성의 공전주기는 584일, 화성의 공전주기는 780일로 계산했다. 북극성의 위치가 거의 변하지 않았으므로 마야인은 집이나 사원을 지을 때 보통 북극성을 기준으로 방위를 결정하고 또 길흉화복을 예측했다.

　마야인은 종교, 농경, 사건 기록 등 필요성 때문에 천체 운동을 관측하고 계산하여 다양한 역법을 제정했는데, 특히 '촐낀력Tzolk'in(또는 '신력神曆), '아브 Haab력', '윤회력輪回曆'이 대표적이다.

　'촐낀 달력'은 1년이 260일이고 주로 미래를 예언하는 데 사용했다. 20개의 신령神靈이 돌아가며 이 260일을 관장한다. 이 신령 20개와 숫자 13개(마야숫자 1에서 13까지)를 하나씩 결합하여 어떤 신이 관장하는 날짜가 되며 모두 260일이 지나면 한 바퀴를 돌게 된다(20ⅹ=260).

'아브 달력'은 365일로서 오늘날 양력과 비슷하다. 하지만 모두 19개월로 이루어져 있고 앞의 18개월은 각각 20일이며 마지막 한 달은 5일이다. 날에는 일신^{日神}이 있고 달에는 월신^{月神}이 있으며 마지막 달의 5일은 불길한 날로 인식했다.

'윤회력'은 촐킨 달력의 260일과 아브 달력의 365일을 조합한 것으로 둘을 하나씩 대응하면 총 18,980일이 한 주기가 된다. 1년이 365일이므로 18,980일은 52년이다. 마야인은 이 52년이 하늘과 땅이 다시 시작되는 하나의 주기라고 인식했다.

이 밖에 연대를 기록하기 위한 '대주기력^{大週期曆}'이란 것도 있다. 마야인은 세계가 소멸했다가 부활하는 것이라

마야인의 달력표

고 보았고, 자신들은 다섯 번째로 부활한 세계에 살고 있다고 믿었다. 발견된 비석의 기록을 참고하여 추산하면 이 다섯 번째 부활이 시작된 날은 기원전 3114년 8월 11일이다. 세계는 5,200년마다 한 번씩 소멸하고 부활한다.

나스카Nazca(지금의 페루 남부 해안지방)의 거대한 지상 그림地上畵. 어떤 고고학자는 이들 가운데 중요한 천문학적 의미를 담고 있는 그림이 있을 것이라고 생각한다.

잉카 제국의 천문학

잉카 제국Inca(13세기 초~1532)은 수도 쿠스코Cusco의 중앙 광장에 천문 관측대를 세우고, 도시의 동·서 양쪽에 관측탑 4개를 세워 천체 운행을 관측했다. 오랫동안 관측한 기록을 바탕으로 잉카인은 자신만의 달력인 태양력과 태음력을 만들었다. 태양력의 경우 1년은 365일이었다. 태음력은 1년이 354일이고 12개월로 이루어졌다.

제4장

코페르니쿠스에서
데카르트까지

코페르니쿠스의 저서《천구의 회전에 관하여(De revolutionibus orbium coelestium, libri, 1543년)》에서 데카르트의 책《철학의 원리(Principia Philosophiae, 1644년)》가 발표된 1세기 동안, 천문학자들이 연구한 우주는 크게 변화했다. 지속적인 관찰과 정밀한 관측의 중요성을 잘 알고 있었던 천문학자들은 이를 위해 성능이 우수한 계기를 만들어 관측에 활용했다. 그들은 새로 발명한 기기를 이용하여 인간의 감각기관을 확장했고 그동안 사람의 눈에 보이지 않던 천체를 관측해냈다. 더불어 그들의 목표도 커졌다. 천문학자들은 천체의 운행 규칙을 연구하는 것을 뛰어넘어 행성이 이렇게 운행하는 이유를 찾으려고 노력했다.

코페르니쿠스

중세 유럽인은 아리스토텔레스와 프톨레마이오스가 주장한 '지구중심설'을 믿었으며, 지구는 우주의 중심이고 멈춰서 영원히 움직이지 않으며 나머지 천체는 모두 지구를 중심으로 돌고 있다고 생각했다. 또한 이런 학설과 기독교 《성경》에 등장하는 천국, 인간세계, 지옥이 일치했으므로 유럽 사회를 지배하고 있던 로마

젊은 시절의 코페르니쿠스. 그는 하늘을 관측하면서 점차 '태양중심설'에 눈을 떴다.

교황청은 이 지구중심설을 강력히 지지했다. 즉 '지구중심설'과 '하느님의 천지창조'를 하나로 묶어 사람들을 우롱하고 자신들의 통치를 강화했다.

하지만 정밀한 천문 관측 기계가 속속 등장하면서 사람들은 이 학설의 문제점을 발견하게 되었다. 르네상스 시대에 이르자 프톨레마이

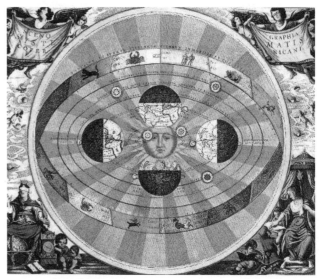

코페르니쿠스의 '태양중심설' 그림

오스가 제시한 주원과 주전원의 개수가 무려 80여 개에 달했던 것이다. 이는 지극히 불합리하고 비과학적이었다. 따라서 사람들은 기존의 지구중심설을 대신할 과학적인 천체 체계 이론을 찾기 시작했다.

천구의 회전에 관하여

이 책에서 설명하고 있는 많은 주장은 사실 당시 사람들에게 이미 알려져 있었다. 하지만 하나의 완벽한 우주 체계를 담고 있는 그의 이 획기적인 저서는 그가 세상을 떠난 1543년에 이르러서야 비로소 세상에 선을 보일 수 있었다. 그 원인은 아주 간단했다. 기독교의 박해를 피하기 위해서였다.

코페르니쿠스는 이 책에서 완전히 다른 두 목적을 동시에 이루고자 했다. 그는

제1장에서 지구가 태양 주위를 도는 보통 행성이라고 설명했다. 그 결과 모든 행성은 통일성 있는 하나의 종합적인 체계를 이루며, 그동안 사람들이 관측하면서 의아해했던 많은 사실이 자연스럽고 명쾌하며 예측 가능하게 바뀌었다. 제1장은 우주에 관한 설명으로, 코페르니쿠스는 우리가 우주학이라고 부르는 선택적 증명을 보여줄 수 있었지만 그렇게 하지 않았다. 제1장의 주요 관심사는 우리가 살고 있는 이 우주의 기본 구조를 설명하는 일이었다. 나머지 장은 이와는 전혀 다른 목적을 위해 쓴 것인데, 태양중심 모형을 토대로 계산해낸 몇 가지 행성표를 제시

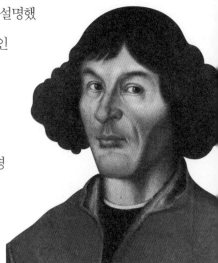

폴란드 천문학자 코페르니쿠스의 초상

하여 우주학의 '존재의 이유'를 보여주었다. 이들 각 장의 관심사는 수치 그 자체였다. 즉, 태양중심설이 진실인가 아닌가보다는 추산한 값과 실제 관측 값이 얼마나 잘 맞아떨어지는지 보여주는 것이 목적이었다.

제1권에서 코페르니쿠스는 지구를 태양 주위를 도는 행성으로 보았을 때 얻을 수 있는 자연스러운 결과를 설명했다. 그는 지구 이외 행성을 두 조로 나눠서, 한 조는 지구 궤도 안쪽 궤도를 돌고, 다른 한 조는 지구 궤도 바깥 궤도를 돌도록 설정했다. 프톨레마이오스 이전에도 사람들은 수성과 금성이 이른 아침과 해진 직후에만 보이는 반면, 화성과 목성, 토성은 밤이면 언제나 볼 수 있다는 사실을 잘 알고 있었다. 프톨레마이오스의 이론에서는 매우 신비롭게 보이는 이 부분이 태양중심설에서는 지극히 자연스럽고 심지어 예측 가능한 결과이기도 하다.

지구중심설에 따르면 태양이 지구를 도는 데 걸리는 시간은 1년인데, 수성과 금

성은 태양과 함께 지구를 돌아야 하므로 이들의 공전주기 역시 1년이어야 한다. 그러나 만약 코페르니쿠스의 주장이 옳고 지구 위의 관찰자에게 1년 정도 충분한 시간적 여유만 주어진다면 수성과 금성의 공전주기는 아주 간단히 알아낼 수 있고 이들의 주기가 각각 88일과 7.5개월임이 증명될 것이다. 각 행성의 주기는 서로 다르며, 만약 주기에 따라 행성을 배열하면 수성, 금성, 지구, 화성, 목성, 토성이 될 것이다. 또 지구의 주기도 관측할 수 있고 심지어 지구에서 태양까지 거리 역시 계산할 수 있게 된다. 만약 지구에서 태양까지 거리가 공식적으로 결정되면 이를 각 행성의 기하학 모형에 적용할 수 있으므로 각 행성에서 태양까지 상대거리를 구하는 일은 아주 간단해진다. 이를 토대로 코페르니쿠스는 두 번째 행성 배열 기준을 제시했다. 그것은 태양중심 체계에 따라 각 행성에서 태양까지 거리를 기준으로 배열하는 방식이다.

코페르니쿠스의 우주 체계 이론은 분량이 《천구의 회전에 관하여》 제1장의

코페르니쿠스는 자신의 이론이 정확하다고 확신했다. 그러나 자신의 책을 정식으로 출판한 때는 세상을 떠나기 직전이었다.

절반에도 미치지 못한다. 나머지 부분은 보기만 해도 경외감이 생기는 수학적 증명으로, 태양중심 이론의 장점을 설명하고 있다. 즉, 태양중심설은 별도의 수리천문학 지식이 필요 없으며 행성표만 계산하면 적어도 프톨레마이오스의 《알마게스트》만큼 가치가 있다는 설명이다. 이처럼 프톨레마이오스는 천여 년이 지나 결국 코페르니쿠스에게 무릎을 꿇고 말았다.

도미니코 수도회의 수사였던 조르다노 브루노Giordano Bruno(1548~1600)는 코페르니쿠스의 충직한 추종자였다. 그는 태양중심설을 퍼뜨렸다는 이유로 화형火刑에 처해졌다.

천문학의 새로운 방향

1543년 코페르니쿠스는 《천구의 회전에 관하여》를 출판했다. 이는 기원전 4세기에 플라톤이 행성의 운행을 관측하고 이를 기하학적 모형을 이용하여 설명하려고 시도한 이후 촉발된 천문학자들의 논쟁이 최고조에 달했음을 보여준다. 그들이 벌인 논쟁의 목적은 행성이 고정된 항성을 중심으로 움직이는 규칙을 밝히는 것이었으며, 그렇게 하면 일정 시간이 흐른 뒤 행성의 위치를 예측할 수 있다고 여겼다. 그들의 주 관심사는 행성의 운동을 일으키는 원동력이 아니라, 행성이 운동하는 방식이었다.

그들이 제시한 천체 운행에 관한 기하학 모형의 핵심은 등속 원운동이다. 즉, 행성의 운동은 하나의 원운동으로 분해할 수 있다는 뜻이다. 그 이유는 원의 개수는 계속 늘려갈 수 있으므로 천체 현상을 정확히 관측하지 않더라도 여러 변수의 값을 상황에 일치하도록 바꿀 수 있었기 때문이다.

하지만 이 모든 것이 코페르니쿠스가 1543년 세상을 떠난 16세기에 변하기 시작했다. 코페르니쿠스는 방법이나 기술은 전통을 따랐지만 그의 《천구의 회전에 관하여》는 척박한 천문학의 땅 위에 '혁명의 씨앗'을 뿌렸다. 안정적인 지구가 왜 회전하는가? 또 지구가 빠르게 공간을 이동할 때 그 위에 타고 있는 '승객'들은 왜 지구 위에서 발생하는 모든 현상을 느끼지 못하는가?

사실 '지구가 어떻게 공 모양이 되었을까?'라는 질문에 대해 아리스토텔레스의 대답은 간단했다. 즉, 그는 "우주 중심에서 자신의 자연스러운 위치에서 벗어난 모든 토질土質 물체는 자연스럽게 자신의 중심을 향해 운동한다."라고 말했다. 그러므로 공 모양에 가깝게 응집하는 것은 이상할 것이 없다. 코페르니쿠스는 "지구의 물질이 함께 모여 행성인 지구를 만든 것은 마치 금성의 물질이 함께 모여 금성을 형성한 것과 같은 이치이다."라고 설명할 수밖에 없었다. 지구의 일주운동日周運動 (diurnal motion, 하루를 주기로 발생하는 천구의 겉보기운동)을 설명하기 위해 코페르니쿠스는 지구가 자연스러운 구 모양이며, 자연스러운 구 모양은 자연스럽게 회전할 것이라고 예측했다. 그는 지구가 눈에 보이지 않는 거대한 구체球體 안에 박혀 있고 이 구가 지구를 이끌면서 1년을 주기로 태양 주위를 돈다고 생각했을 수도 있다. 그러나 실제로 그렇게 생각했는지는 알 수 없다. 다만, 분명한 점은 그가 '행성은 어떻게 운동하는가?'라는 운동학運動學의 문제 해결 방법을 개선하는 과정에서 '행성의 운동을 일으키는 원동력은 무엇인가?'라는 동력학動力學의 새로운 문제가 발생했다는 사실이다.

이처럼 난해한 문제를 해결하는 데 기여한 네 사람이 있었다. 그들은 국적도 다르고 재능도 제각각이었다.

티코 브라헤^{Tycho Brache}(1546~1601)는 덴마크의 천문학자로 천체 현상을 정확하고 완벽하게 관측하는 데 주로 기여했다.

독일의 수학자 요하네스 케플러^{Johannes Kepler}(1571~1630)는 천문학의 범위를 기존의 기하학을 응용한 학문에서 물리학 가운데 역학의 하나로 확대했다.

이탈리아 물리학자 갈릴레오 갈릴레이^{Galileo Galilei}(1564~1642)는 망원경을 이용하여 최초의 우주가 탄생한 이후 한 번도 알려지지 않았던 많은 천문 현상을 밝혔고 운동에 관한 새로운 개념을 발전시켰다. 이를 통해 코페르니쿠스의 학설에 힘을 실어 주었다.

교회의 박해를 피하기 위해 코페르니쿠스는 익명으로 학설을 발표했다. 그는 세상을 떠나기 직전에서야 자신의 책을 정식 출판했다.

프랑스의 철학자 르네 데카르트^{René Descartes}(1596~1650)는 특별한 위치와 방향이 없는 하나의 무한한 우주를 구상했으며, 태양은 이 우주에 포함된 한 항성에 불과하다고 생각했다.

티코 브라헤

천문 관측의 혁명

코페르니쿠스는 쉽게 얻을 수 있는 과거 천문학자의 관측 기록을 비판 없이 사용했으며, 정말 필요한 경우에만 자신이 직접 관측했다. 이때 관측 값의 정밀도는 그가 사용한 기기의 정밀도에 달려 있었다. 16세기 후반 몇십 년간, 티코 브라헤는 천문학자들의 관측에 일대 혁명을 가져왔다.

브라헤는 덴마크의 귀족 집안에서 태어났다. 유복한 환경에서 자란 덕에 그는 남들처럼 일자리를 구하는 어려움은 겪지 않았다. 그는 직접 하늘을 관측하여 13세기의 《알폰소 목록》을 토대로 예측한 날짜가 한 달이나 차이가 나고, 코페르니쿠스의 지동설에 바탕을 둔 《프루테닉 행성표^{Tabulae Prutenicae}(1551)》

티코 브라헤의 초상

프라하에서 제작한 그림. 1577년에 나타난 대 혜성의 꼬리가 토성에서부터 지구까지 이어져 있다.

마저도 이틀이나 오차가 생긴다는 사실을 발견했다. 그는 정확한 천문 관측이 필요하다고 확신했다. 그리고 관측의 정확성은 오직 관측 기기를 개량하고 관측 기술을 발전시켜야만 가능하다고 생각했다.

1572년, 브라헤는 한 신성新星이 폭발하는 것을 관측했다. 그는 이 특이한 현상을 보면서 만약 아리스토텔레스의 우주 모형이 정확하다면 이런 현상은 절대로 발생하지 않을 것이라고 생각했다. 무엇보다도 그는 문제의 본질을 꿰뚫고 있었다. 즉, 이 '유령'은 그동안 받아들여졌던 혜성에 관한 이론과 서로 모순이 된다는 점을 발견했다. 가령 아리스토텔레스는 혜성이 지구와 성분이 같은 물질로 이루어졌고 천체가 아니라 대기 중의 한 현상이라고 생각했으므로, 혜성에 관한 연구는 천문학이 아닌 '형이상학形而上學'에 속했다. 과거 천문학자들이 혜성을 관측하면서 높이를 거의 측정하지 않았던 이유가 바로 이 때문이었다. 하지만 브라헤의 관측은 신성과 같은 변화가 대기가 아닌 하늘에서 발생한다는 사실을 보여준다. 그래서 그는 다음번에 혜성이 나타나면 높이를 정확히 측정하여 혜성이 정말로 지구의 물질로 이루어졌는지 확인하겠다고 다짐했다.

다행히 브라헤는 그리 오랜 시간을 기다리지 않아도 되었다. 그는 1577년에 나타난 한 혜성을 관측했고, 이 혜성은 의심할 필요 없이 천체라는 결론을 얻었다. 더구나 이 혜성은 행성 사이의 공간을 자유롭게 운행하고 있었는데 이는 아리스토텔레스 등 과거 천문학자들이 묘사했던 천구 모형이 완전히 거짓임을 증명한다. 이런 상황에서 만약 행성이 궤도 위에서 독립적으

벤섬의 천문대에서 천문 관측에 열중하는 티코 브라헤

로 운행하는 천체라고 한다면, 혜성이 운행하는 원인을 규명하기란 매우 어려워진다. 그 결과 천문학자들은 이에 관한 답을 찾기 위해 어쩔 수 없이 동력학을 버리고 운동학을, 기하학 대신에 물리학을 선택할 수밖에 없었다.

그러므로 1578년 티코 브라헤의 저서가 출판된 이후, 혜성은 아리스토텔레스가 말한 '기상 현상'이 아니라 엄연한 하나의 '천문 현상'이라는 인식이 확고히 자리 잡

았다. 무엇보다 티코 브라헤의 연구를 통해 천문 현상은 반드시 더욱 정밀한 관측 기기로 관측해야만 한다는 새로운 기준이 이미 천문학계의 불변의 진리로 정착하게 되었다.

벤 섬의 천문대

브라헤는 관측 기기와 관측 기술을 한 단계 끌어올리기 위해 덴마크 왕국을 설득한 끝에 드디어 국왕 프레데릭 2세^{Frederik II}(재위 1559~1588)로부터 자

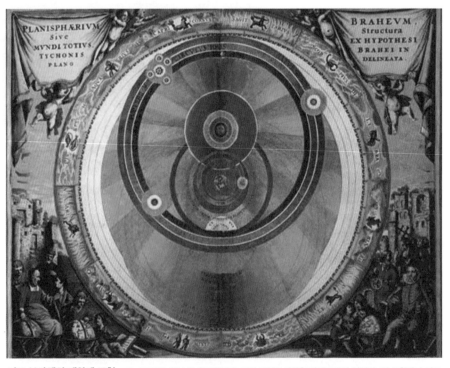

티코 브라헤의 태양계 모형. 그는 코페르니쿠스를 존경했지만 그의 태양중심설은 받아들이지 않았다. 이 모형에서 지구는 여전히 우주의 중심이다.

금 지원을 받을 수 있었다. 그는 덴마크와 스웨덴 사이에 위치한 벤Hveen 섬에 기독교가 지배하던 유럽 최초의 중요한 천문대를 건설할 권한을 부여받았다. 그는 이곳 천문대에 점점 더 많은 훌륭한 관측 장비를 갖춰놓았고 아울러 관측 기술도 크게 끌어올렸다.

대대적인 관측은 1580~1590년대 초반에 실시되었는데, 브라헤가 이끄는 관측팀은 4일에 한 번씩 밤을 꼬박 새며 관측을 했으며 주로 겨울철에 진행되었다. 물론 브라헤 이전에도 많은 사람이 필요에 따라 개별적으로 천문 관측을 실시했지만, 벤 섬에서 수많은 장비를 갖추고 대대적으로 다양한 관측을 실시한 것은 매우 드물었다. 뿐만 아니라 브라헤는 관측 자체 못지않게 관측 기기의 성능 향상에도 많은 관심을 가졌다. 그 결과 많은 관측 자료가 제대

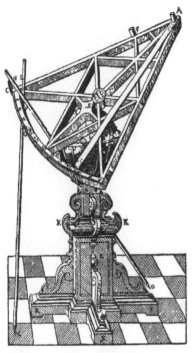

티코 브라헤가 만든 육분의(六分儀)(sextant, 천체와 지평선 사이의 각을 측정하는 기구. 원주의 1/6인 60°까지 측정할 수 있으므로 이런 이름이 붙었다)

로 분석을 거치지 않은 상태로 남아있게 되었다. 하지만 벤 섬의 관측자들이 남긴 많은 자료는, 얼마 후 케플러가 행성의 운행 가설을 검증하는 데 소중히 사용되었다.

밀월기의 종식

티코 브라헤를 적극 지원했던 덴마크의 국왕 프레데릭 2세가 세상을 떠난 후 새로 즉위한 국왕은 그를 점차 신뢰하지 않았고 그를 계속 지원할 마

티코 브라헤와 그의 조수가 천문학 관련 문제를 토론하고 있다.

티코 브라헤는 관측을 실시하고, 그의 조수는 기록과 그림 그리기를 담당했다.

음도 없었다. 그래서 브라헤는 벤 섬에서 21년간 보낸 '천문학 밀월기蜜月期'를 끝낼 수밖에 없었다. 그는 프라하로 가서 신성로마제국 황제의 지원을 받았다. 불행히도 다시 안정을 찾은 지 겨우 1년 만에 그는 질병으로 세상을 떠나고 말았다.

그러나 그는 여전히 행운아다. 세상을 떠나기 얼마 전 29세의 청년을 제자이자 조수로 받아들였기 때문이다. 그가 바로 큰 재능을 가졌지만 아직 세상에 알려지지 않았던 케플러였다. 만약 브라헤가 없었다면, 그리고 그가 남긴 수많은 정밀한 관측 자료가 없었다면, 행성 운행에 관한 케플러의 3가지 법칙은 탄생할 수 없었을 것이고 일류 천문학자 케플러 역시 존재할 수 없었을 것임은 분명하다.

케플러

행성에 관한 탁월한 연구 때문에, 후대 사람은 케플러를 '우주의 입법자立法者'라고 추앙했다.

티코 브라헤의 후계자인 케플러가 해결해야 할 문제는 크게 두 가지였다. 첫째, 지구를 포함한 행성이 운행하는 실제 궤도를 어떤 방법으로 측정할 것인가? 이는 마치 관측자가 '하늘 바깥'에서 행성이 태양 주위를 도는 모습을 보는 것과 같다. 둘째, 행성은 어떤 수학적 규칙에 따라 운행하는가?

그는 이 두 가지를 위해 브라헤가 다년간 행성을 자세히 관측하여 남긴 수많은 자료를 철저히 연구했다. 케플러는 브라헤의 기록을 수학적으로 자세히 분석하면 프톨레마이오스의 지구중심설과 코페르니쿠스의 태양중심설, 또는 브라헤가 제시한 제3의 학설 가운데 어느 것이 정확한 이론인지 증명할 수 있으리라고 생각했다. 그러나 오랜 기간 심혈을 기울여 수학적으로 계산을 했지만 케플러는 브라헤

갈릴레이에게 자신의 행성 운행 법칙을 설명하고 있는 케플러. 물론 이는 사실이 아니라 예술가의 상상일 뿐이다.

가 남긴 기록이 이 세 가지 학설과 모두 일치하지 않는다는 사실을 발견했다. 그의 희망은 결국 물거품이 되고 말았다.

행성 운행의 법칙

결국 케플러는 문제점을 찾아냈다. 브라헤, 코페르니쿠스 그리고 모든 저명한 천문학자와 마찬가지로 케플러 자신도 행성의 궤도가 원 또는 복잡한 원으로 이루어졌다고 가정했다. 그러나 실제로 행성의 궤도는 원이 아니라 타원이었다.

기본적인 해결 방법을 찾은 후 케플러는 또 다시 수개월 동안 복잡하고 지루한 수학 계산에 매달려야 했다. 그 결과 그의 학설과 브라헤가 남긴 관측 기록이 일치함을 증명해냈다. 그는 1609년에 출판한 명저 《새로운 천문학Astronomia Nova》에서 행성의 운동에 관한 3법칙 가운데 두 가지를 발표했다. 행성의 운동에 관한 제1법칙은 '모든 행성은 타원 궤도로 태양 주위를 돌며 태양은 이 타원 궤도의 한 초점에 위치한다.'이다. 행성의 운동에 관한 제2법칙은 '행성이 태양으로부터 가까운 곳을 지날 때는 빨리 운행하고, 속도도 빨라진다. 행성과 태양을 연결한 선분은 같은 시간에 같은 넓이를 휩쓸고 지나간다.'이다. 10년 후 케플러는 행성의 운동에 관한 제3법칙을 발표했는데, 그 내용은 '태양으로부터 먼 행성일수록 공전주기가 길어진다. 공전주기의 제곱과 태양과 행성 사이의 거리의 세제곱은 비례한다.'이다.

우주의 입법자

케플러의 법칙은 태양 주위를 도는 행성의 운행을 매우 완벽하고 정확하게 표현했으며 천문학의 한 가지 기본 문제를 해결했다. 이 기본 문제는 심지어 코페르니쿠스와 갈릴레이와 같은 천재마저도 해결하지 못했다. 또 당시 케플러는 행성이 이 법칙에 따라 운행하는 원인은 규명하지 못했는데, 이는 17세기 후반에 이르러 뉴턴이 명확히 증명했다.

케플러의 행성 운동에 관한 연구에서 우리는 만유인력 법칙의 초기 형태를 볼 수 있다. 즉, 케플러는 만약 행성의 궤도가 원이라면 만유인력 법칙을 충족한다는 사실을 증명했지만, 행성의 궤도가 타원인 경우에 대해서는 증명하지 못했다. 이는 훗날 뉴턴이 복잡한 적분법과 기하학적 방법을 이용하여 증명했다.

케플러가 천문학에 기여한 공로는 결코 코페르니쿠스에 뒤지지 않으며, 어느 면에서는 더욱 크게 기여한 것으로 평가받는다. 왜냐하면 그가 대담한 혁신 정신을 갖고 있었기 때문이다. 그 당시의 수학은 오늘날처럼 발달하지 않았고, 계산기 등도 없어서 수학 계산 과정이 굉장히 복잡하고 어려웠다.

케플러의 업적은 이처럼 매우 중요하지만 초반에는 사람들로부터 무시될 뻔했으며 심지어 갈릴레이와 같은 위대한 과학자마저도 처음에는 이를 인정하지 않았다. 갈릴레이가 케플러의 법칙을 깎아내린 것은 의외이다. 왜냐하면 갈릴레이는 케플러와 편지를 교환했고, 그의 업적을 이용하여 프톨레마이오스의 학

중세의 한 예술가가 그린 그림. 케플러는 이 그림처럼 창조주 하느님이 이 기하학 건축사와 같다고 믿었다. 케플러의 말을 빌리자면 하느님은 "규칙과 질서에 따라 세상의 모든 것을 처리하셨다." 케플러는 일생 동안 하느님께서 우주를 창조할 때 사용한 기하학적 관계가 무엇인지 규명하려고 노력했다.

설을 반박할 수 있었기 때문이다. 어쨌든 다른 사람들은 케플러 법칙의 중요성을 좀처럼 받아들이려 하지 않았고, 갈릴레이는 이에 대해 충분히 그럴 수 있다고 생각했다. 그는 억제할 수 없는 큰 기쁨을 다음과 같이 표현했다.

나는 신성한 기쁨의 바다에 빠져 있다. (중략) 나는 책을 다 썼다. 나의 책을 나와 동시대 사람이 읽든 후대 사람이 읽든 관계없다. 아마 백 년이 지나야 누군가 내

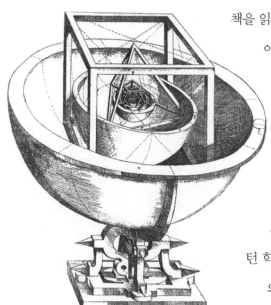

책을 읽을지도 모른다. 하느님께서 만드신 작품을 이해한 한 사람이 나타나는 데 6,000년이 걸리지 않았는가.

하지만 몇십 년 뒤, 케플러 법칙은 점점 더 다양한 분야에 적용되었다. 실제로 17세기 말에 뉴턴의 학설을 지지하는 주요 학자들은 케플러 법칙이 뉴턴 학설에서 유도해낼 수 있으며, 반대로 뉴턴의 운동 법칙을 이용하면 케플러 법칙으로부터 뉴턴의 인력 법칙을 정확히 유도해낼 수 있다고 믿었다. 하지만 이를 증명하려면 더욱 발전한 수학 기술이 필요했는데, 케플러 시대에는

케플러가 쓴 《우주의 신비》에 나오는 삽화. 그는 여기에서 창조주 하느님께서 각 행성의 궤도 사이에 어떤 관계를 설정하셨는지 설명했다. 각 궤도는 하나의 구로 표현했다. 두 구 사이에는 다섯 가지 정다면체 가운데 하나를 두어 서로를 분리했다.

아직 이런 기술이 없었다. 이처럼 기술이 낙후되어 있었지만, 케플러는 자신의 뛰어난 통찰력으로 행성의 운행이 태양의 인력에 통제를 받는다는 사실을 발견했던 것이다.

비참한 만년

불행하게도 케플러의 만년은 개인적인 일 때문에 고통을 겪었다. 당시 신성로마제국은 '30년 전쟁(1618~1648)'의 대혼란 속에 빠져 있었고, 여기에서 자

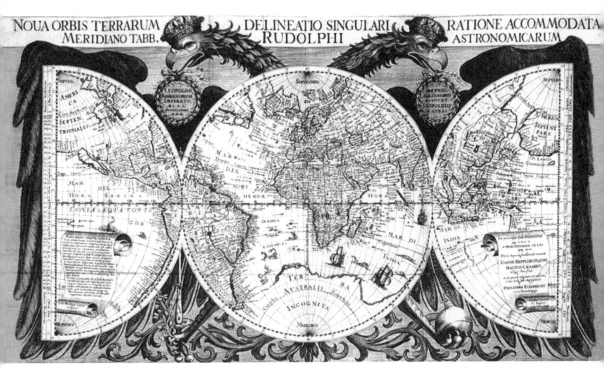

케플러가 그린 세계 지도

유로운 사람은 거의 없었다.

그의 첫 번째 고난은 급여 문제였다. 신성로마제국의 황제는 국가가 비교적 융성한 시기에도 그에게 급여를 주는 것을 마땅치 않게 여겼다. 더구나 전쟁 기간에는 그의 월급이 차일피일 미뤄지기 일쑤였다. 케플러는 두 번의 결혼에서 자녀를 12명이나 두었는데, 이런 경제적 어려움은 매우 고통스러웠을 것이다. 두 번째 고난은 그의 어머니가 1620년 무속巫俗을 행했다는 이유로 마녀로 몰려 체포된 사건이었다. 케플러는 많은 시간을 들여 어머니가 고문과 화형을 당하지 않도록 손을 썼고 결국 어머니를 구해냈다.

케플러는 1630년 레겐스부르크 제국자유도시에서 세상을 떠났다. 그리고 30년 전쟁의 소용돌이 속에서 그의 무덤도 곧 소실되었다. 그러나 그가 남긴 행성의 운행에 관한 법칙은 그 무엇보다도 찬란한 기념비가 되어 남아 있다.

케플러가 《루돌핀 목록Tabulae Rudolphinae》에 그린 삽화. 이 천문학 신전(神殿)에는 케플러 이전의 선구자들이 서 있다. 왼쪽 끝에는 고대 그리스의 위대한 천문학자 히파수스가, 오른쪽 끝에는 프톨레마이오스가 서 있다. 가운데는 코페르니쿠스와 티코 브라헤가 있다. 그들 뒤에는 한 전설에 등장하는 점성술사가 있다. 신전의 제일 윗부분에는 거대한 동전이 매달려 있는데 이는 황제가 재정적 지원을 했음을 상징한다. 꼭대기에 둘러 서 있는 여신 6명은 6개의 방향을 나타낸다.

갈릴레이

독실한 가톨릭 신자였던 갈릴레오 갈릴레이는 1597년 케플러의 주장에 명확한 의견을 표명하지 않았다. 그러나 자신이 발명한 망원경으로 하늘을 관측한 후에 그의 의문은 사라졌다.

망원경의 발명

1609년 7월, 네덜란드의 조한 리퍼시^{Johann H. Leppershey}(1570~1619)가 망원경을 발명했다는 얘기를 친구에게 들

이탈리아의 천재 천문학자 갈릴레이의 초상화

은 갈릴레이는 같은 해 8월 전해들은 내용에 따라 확대율이 3배인 망원경을 직접 만들었다. 그는 관 모양의 기둥을 경통으로 사용하고 양쪽 끝에 각각 지름 5.6cm의 평면 볼록렌즈와 평면 오목렌즈를 끼웠다. 그리고 개량을 거듭하여 드디어 1609년 말, 그는 확대율을 갈릴레이 망원경의 최댓값인 32배로 끌어올리는 데 성

갈릴레이는 자신이 발명한 망원경을 이용하여 천문학 연구의 새로운 지평을 열었다.

공했다. 갈릴레이의 빛나는 업적은 확대율이 높은 망원경의 발명이 아니라, 이 망원경을 가지고 광활한 우주와 천체 운행을 관측함으로써 '망원경 천문학'을 창시했다는 점이다.

먼저 달을 관찰한 갈릴레이는 달 표면이 스콜라 철학자들의 주장처럼 매끄럽고 아무런 결점 없이 완벽한 모습이 아니라, 마치 지구 표면처럼 울퉁불퉁하고 높은 산과 깊은 계곡이 있으며 축을 중심으로 자전한다는 사실을 발견했다. 그는 달 표면의 주요 산맥 두 개를 '알페스Alpes 산맥', '아페니노Appennino 산맥'이라고 이름 지었고 세계 최초로 달 표면 지도를 제작했다. 달 표면의 밝은 곳과 어두운 곳의 변화를 관측한 갈릴레이는 달은 스스로 빛을 내지 않으며 달 표면이 밝은 이유는 태양빛을 반사하기 때문이라고 생각했다. 또한 망원경으로 행성을 관찰한 결과 행성은 맨 눈으로 관찰할 때보다 훨씬 크지만, 항성의 경우 큰 차이가 없다는 사실도 발견했다. 이 사실로부터 행성은 지구에서 가깝지만 항성은 매우 멀리 떨어져 있다고 예측했다. 은하는 무수히 않은 항성으로 이루어져 있었는데 이는 '우주는 무한하다.'는 조르다노 브루노의 예측이 정확했음을 입증한 것이

갈릴레이는 이단적 사상을 유포한 혐의로 종교 재판소의 재판을 받았다.

다. 1610년 1월 7일은 갈릴레이의 생애에서 가장 위대한 날이자, 천문학 역사상 가장 중요한 날이었다. 그는 망원경으로 목성에 위성이 있음을 발견했다. 며칠 동안 관찰한 결과, 그는 목성 주위를 천천히 돌고 있는 위성 4개를 발견했는데, 이는 코페르니쿠스의 태양중심설을 축소한 모습과 매우 닮았다.

이런 일련의 발견은 천문학의 새로운 시대를 활짝 열었고 태양중심설을 강력히 뒷받침하는 증거였다. 그러나 갈릴레이의 발견은 사람들에게 그다지 인정받지 못했을 뿐 아니라 오히려 잘못된 발견이며, 심지어 거짓이고 날조된 것이라고 공격받았다. 갈릴레이는 1610년 그 해에 《시데레우스 눈치우스^{Sidereus Nuncius}, '별 세계의 사신^{使者}이라는 의미, 영어명은 'Sidereal Messenger'이다》를, 1613년에는 《태양 흑점에 관한 편지》를 발표했는데, 이 두 저서는 모두 자신의 발견을 주요 근거로 들며 코페르니쿠스의 학설이 정확함을 직설적으로 밝혔다. 케플러는 갈릴레이를

지지하기 위해 《갈릴레이의 〈시데레우스 눈치우스〉와의 대화A Conversation with Galileo's Sidereal Messenger(1610)》라는 책을 썼는데, 여기에서 갈릴레이의 발견과 자신의 행성 이론이 완벽히 일치한다고 밝혔다. 갈릴레이는 1632년에 《프톨레마이오스와 코페르니쿠스의 두 대우주 체계에 관한 대화》를 발표했다. 이 책은 세 사람의 대화 형식을 취했지만 코페르니쿠스의 주장을 지지한다는 점은 변하지 않았다.

갈릴레이를 반대하는 사람과 아리스토텔레스 추종 세력은 갈릴레이의 주장을 악의적으로 비방했고 그가 사악한 학설을 퍼뜨리면서 성경을 모독했다고 모함했다. 1616년 2월 26일, 종교 재판소는 갈릴레이에 대한 재판을 열고 "태양이 우주의 중심에 고정되어 있음을 부정하는 것은 어리석고 철학적인 망상이며, 사악한 학설에 불과하다. 왜냐하면 그것이 성경을 위배하고 있기 때문이다."라고 판결했다. 종교 법정은 또한 코페르니쿠스의 저서 《천구의 회전에 관하여》를 금서禁書로 공식 지정하는 한편, 갈릴레이에게 언어 또는 문자로 코페르니쿠스의 학설을 옹호하지 말라고 경고했다. 그러나 그들이 설령 갈릴레이 한 사람의 입에 재갈을 물리는 데 성공했을지는 몰라도 '그래도 지구는 돈다.'라는 진리마저 구속하지는 못했다!

300여 년이 지난 1984년, 교황 요한 바오로 2세Johannes Paulus II(재위 1978~2005, 제264대 교황)는 갈릴레이의 명예를 공식적으로 회복시켰다. 태양중심설은 이미 오래 전에 승리를 거두었지만 갈릴레이의 억울함은 너무 늦게 해소된 것이다.

역사의 아이러니

만약 그 당시에 갈릴레이가 케플러가 이룩한 성과의 의미를 정확히 이해하고 그의 저서를 꼼꼼히 파악했더라면, 자신의 주장이 더욱 설득력을 발휘했을지 모른다. 비록 케플러가 《갈릴레이의 〈시데레우스 눈치우스〉와의 대화》를 써서 갈릴레이가 《시데레우스 눈치우스》에서 밝힌 망원경 관찰 결과를 적극 옹호했고, 1612년에 한 친구가 갈릴레이에게 보낸 편지에서 케플러의 타원 궤도 법칙을 언급했지만, 갈릴레이는 이를 적극 활용하여 자신을 변호하지 못했다.

친구와 학술을 논하는 만년의 갈릴레이

갈릴레이는 케플러의 저서에 자주 보이는 신학적 기하학과 '신비로운 조화'에서 벗어나려고 노력했고, 《새로운 천문학》에 등장하는 끝없는 계산 결과에 염증을 느낀 것으로 보인다. 뿐만 아니라 갈릴레이는 평생 원圓의 유혹에서 벗어나지 못했다. 그는 하나의 구가 평면 위에서 마음대로 돌아다닐 수는 없으며 반드시 매끄러운 수평면 위에서 운행해야 한다고 믿었다. 또한 이 매끄러운 수평면은 구형이며 지구의 곡률만큼 구부러져 있다고 생각했다.

뉴턴은 이 위대한 두 동시대 천문학자가 남긴 서로 다른 업적을 면밀히 분석하고 종합했다. 이를 위해 개념을 추상화하고 명확하게 할 필요가 있었다. 갈릴레이의 우주에는 여전히 '특권'적인 면이 남아 있다. 가령 지구 궤도 주위에는 지구를 움직이게 하는 구역이 있고 태양 주위에는 행성이 움직이는 구간이 있다고 생각했다. 이처럼 사실과 다른 부분은 언젠가 사라져야 할 운명이었다. 데카르트의 말을 빌리자면, 무한한 공간으로 구성된 완벽하고 균형 있는 우주(즉, 데카르트 물리학의 우주)는 바로 기하학이었다.

독일의 천문학자 크리스토프 샤이너Christoph Scheiner(1575~1650)와 야소회耶蘇會(Society of Jesus, 로욜라가 세운 로마 가톨릭 수도회)의 동료가 케플러 망원경을 이용하여 태양 흑점의 위치를 관측하고 있다.

데카르트

명확성의 추구

데카르트의 스승은 그에게 수학에 대한 열정을 심어주었고, 특히 수학의 명확성을 추구할 수 있는 열정을 일깨웠다. 그는 졸업 후 1620년대 초반부터 수학과 같은 명확성을 얻을 수 있는 대안을 찾으려고 노력했으며, 그 결과 얻은 결론은 '기하학'이었다. 하지만 기하학을 어떻게 이용해야만 자연계를 연구할 수 있을 것인가? 그 어려움은 기하학적 추리가 이미 확정된 원리에서 시작된다는 데 있었다. 그리고 일상생활에서 사람들이 진실이라고 생각하는 것이 실제로는 어린 시절부터 접해왔고 아무런 의심 없이 받아들인 잘못된 가설이라는 점이다.

이런 오류를 없애는 방법은 무엇일까?

데카르트의 초상화. 마치 '걸어 다니는 백과사전'과 같은 이 천재의 사상은 유럽 전체에 지대한 영향을 미쳤다.

데카르트의 방법 또는 주장은 이 모든 이른바 '진리'를 의심하는 데서 출발한다. 왜냐하면 이처럼 철저한 의심을 이겨낸 것이라야만 진리라고 말할 수 있기 때문이다. 그의 의심은 끝이 없었다. 심지어 그는 이 세계의 존재를 느끼는 것이 (비록 이 세상이 존재하는 것은 분명하지만) 아마도 꿈처럼 허구일지도 모른다고 생각했다.

야소회의 천문학자인 리치올리Giovanni Battista Riccioli(1598~1671)가 쓴 《신 알마게스트Almagestum Novum》의 한 삽화. 신들이 그의 '지구중심설'이 옳고, 코페르니쿠스의 '태양중심설'이 틀렸음을 선언하고 있다.

그러나 단 한 가지만은 결코 의심할 여지가 없었는데, 그것은 바로 자신의 존재였다. 만약 자신이 존재하지 않는다면 이 문제를 생각하는 주체는 도대체 누구란 말인가? 그는 더 나아가 '완벽한 사람(창조주 또는 신)'의 존재를 생각했다. 이 '완벽한 사람'이란 개념은 데카르트 본인과 같이 불완전한 마음속에서 탄생할 수는 없다. 그러므로 이는 외부에서, 즉 이 완벽한 사람 그 자체에서 온 개념일 수밖에 없다. 그리고 이 완벽한 사람은 본질적으로 치명적 결함이 있는 지혜를 부여함으로써 데카르트를 기만할 수는 없었다.

데카르트의 우주

인간의 추리 능력을 제대로 사용하면 자신감과 힘이 생긴다. 데카르트는 이런 '분명하고 명백한' 확신을 (비록 아직은 초보적인 수준에 불과했지만) 우주에 대한 통찰로 발전시켰다. 여기에는 공간과 운동에 관한 수학 개념도 포함되어 있다. 데카르트는 고대의 기하학자들이 이미 통찰력 개념을 이해하고 있었고, 이 통찰력은 추리 방식을 통해 구현된다고 말했다. 기하학적인 공간이야말로 진짜 세계의 공간이고 기하학자들이 말하는 '운동'이란 이 진짜 세계의 운동이다. 하지만 데카르트는 아리스토텔레스의 운동 개념은 이해 불가능하다고 말했다. 그는 운동이란 오늘날 우리가 말하는 것처럼 한 위치에서 다른 위치로 이동하는 것을 의미하며, 하나의 점이 이동하면 하나의 선이 정의되고, 하나의 선이 이동하면 하나의 면이 정의되는 것과 마찬가지라고 설명했다.

데카르트가 왕실 회원들에게 자신의 이론을 강의하고 있다.

　데카르트는 이미 존재하는 기준이 아니라 혁신적인 관점을 토대로 사물을 관찰해야만 사물을 제대로 이해할 수 있다고 생각했다. 그는 '소용돌이 가설'을 발표했다. 이는 태양의 주위에 존재하는 거대한 소용돌이가 끊임없이 행성을 운행시킨다는 주장이다. 물질의 질점은 통일된 소용돌이 안에 존재하며 이것이 운행하면서 흙, 공기, 불의 3원소로 나뉘는데, 흙은 행성을 만들고 불은 태양과 항성을 만든다고 생각했다.

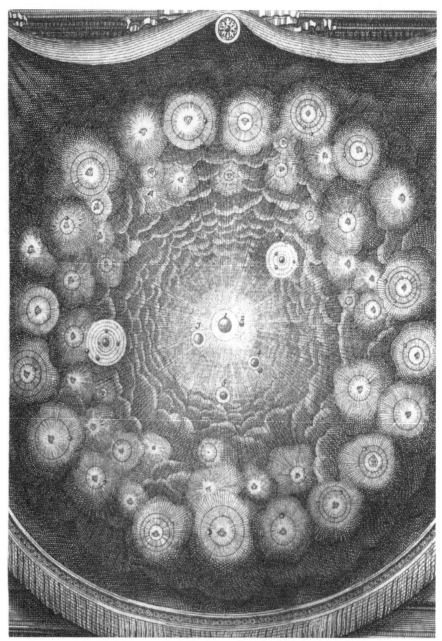

데카르트의 '소용돌이 가설' 설명도. 달은 지구(그림에서 4번으로 표시된 것)의 소용돌이에 의해 지구 주위를 돈다. 지구의 소용돌이는 하나의 천체이면서 동시에 태양의 소용돌이에 의해 움직이기도 한다.

그는 천체의 운동이 관성慣性과 어떠한 우주 물질이 소용돌이치면서 천체에 가한 힘 때문에 생긴다고 생각했다. 또 크기가 제각각인 소용돌이의 중심에는 반드시 하나의 천체가 존재한다는 가설을 통해 천체 사이의 상호작용을 설명했다. 데카르트의 태양 기원설은 최초로 신학이 아닌 역학力學을 이용하여 태양, 행성, 위성, 혜성 등 천체의 형성 과정을 설명했다. 이는 17세기의 가장 권위 있는 우주론으로 칸트의 '성운설星雲說(nebular hypothesis)'보다 100년이나 앞섰다.

양면성

데카르트의 천체 진화설과 소용돌이 가설은 그가 가진 사유 체계와 마찬가지로 해박한 물리적 사유와 엄밀한 과학적 방식을 토대로 구상한 것이며, 스콜라 철학을 배격하고 과학적 사고를 받아들임으로써 당시 자연과학의 발전은 물론 당시 많은 자연과학자에게 지대한 영향을 끼쳤다. 하지만 그 내용이 엄밀한 실험과 사실에서 출발하지 않고 직관과 상상에 머무르는 경우가 많아, 일부 결론에는 큰 결함이 있다. 그래서 훗날 뉴턴의 물리학과 대립하고 큰 논쟁을 일으키기도 했다. 데카르트는 한 편지에서 다음과 같이 썼다.

생각에 잠긴 데카르트

"나의 물리학은 기하학일 뿐이다."

그러나 데카르트의 공간을 연구하는 데 필요한 수학적 도구는 아직 발명되지 않았으므로 그와 그의 추종자들은 부호 대신 언어를 사용할 수밖에 없었다. 그런데 이는 당시로서는 좋은 점이 많았다. 왜냐하면 파리의 살롱을 자주 드나드는 교양 있는 학자들은 데카르트의 물리학을 이해할 수 있었기 때문이다. 마치 케임브리지 대학생이 데카르트의 이론을 이해할 수 있었던 것과 마찬가지이다. 그래서 케임브리지 대학에는 데카르트의 추종 세력이 많았다.

요한 바이어

별의 이름을 붙이다

케플러, 코페르니쿠스, 갈릴레이 등 저명한 천문학자와 비교할 때, 독일의 천문학자 바이어^{Johann Bayer}(1572~1625)의 업적은 사실 조금 부족하다. 하지만 그렇다고 그의 업적이 평가 절하되는 것은 아니다.

바이어의 본래 직업은 천문학자가 아니라 변호사였다. 하지만 천문학에 심취하여 연구에 몰두한 그는 천문학 역사에 자신의 이름을 올릴 수 있었다.

《천체도》

바이어는 1603년에 《천체도^{Uranometria}》를 발표했다. 그는 이 책에서 그리스 알파벳으로 항성을 명명하는 간단한 방법을 제안했다. 구체적으로

바이어가 그린 오리온자리 그림. 영국인은 밤하늘에 오리온자리가 보이면 불길하다고 생각했다. 이 그림에는 당시의 상황이 반영되어 있다.

바이어가 그린 남반구의 하늘에 보이는 별자리 그림

는 각 별자리에서 가장 밝은 별을 그리스어의 첫 번째 알파벳인 알파(α)로, 두 번째로 밝은 별을 그리스어의 두 번째 알파벳 베타(β)로 표시하며 마지막 알파벳인 오메가(ω)까지 사용하는 식이었다. 오늘날의 관점에서 보면 그의 이 명명법은 그다지 엄밀하지 못하다. 가령 궁수자리에서 가장 밝은 두 별에는 알파(α)와 베타(β)가 아닌 엡실론(ε)과 시그마(σ)가 부여되어 있다. 이런 여러 문제점이 있지만 바이어의 명명법은 오늘날에도 사용하고 있다.

바이어는 자신의 성표에서 백조자리나 남쪽삼각형자리 등 과거 천문학자들이 발견하지 못한 새로운 별자리를 발견하고 이름을 붙였다. 1928년 국제천문학협회 IAU는 국제적으로 통용되는 88개 별자리를 확정하면서 바이어의 새 별자리를 모두 채택했다.

제5장

뉴턴 시대

거성(巨星)이 속속 배출되는 시대에, 가장 찬란하게
빛나는 별 하나가 있었다. 바로 인류의 위대한 천재
뉴턴(Sir Isaac Newton, 1642~1727)이다. 그의
저서 《자연철학의 수학적 원리(Philosophiae
Naturalis Principia Mathematica)》가 출간된 이후,
천문학을 포함한 인류의 과학은 비약적으로 발전했다.
데카르트의 저서 《철학 원리(Principia philosophiae,
1644)》와 비교할 때, 뉴턴의 업적은 더욱 분명하다. 즉
뉴턴은 데카르트가 모호하게 표현한 부분을 정확한 수학을
이용하여 명확히 밝혔으며, 데카르트가 정성적(定性的)으로
설명한 부분을 뉴턴은 기하학을 이용하여 정량적(定量的)으로
예측하는 데 기여했다.

로버트 훅

로버트 훅^{Robert Hooke}(1635~1703)은 1635년 7월 18일에 와이트섬^{Isle of Wight}의 프레시워터^{Freshwater}에서 태어났다. 그의 아버지 존 훅^{John Hooke}은 작은 교구의 존경받는 부목사였다. 훅은 어려서부터 공부와 손재주에 천부적인 능력을 보여주었다. 그래서 아버지의 친구였던 예술가 존 호스킨^{John Hoskin}은 훅에게 예술가가 되라고 조언하기도 했다.

로버트 훅의 초상화

조수로 시작하여 교수가 되다

1653년 훅은 옥스퍼드 기독교회 대학에서 일을 시작했다. 일설에는 그가 음악에도 소질이 많았으므로 교회 성가대에서 활동하기도 했다고 한다. 옥스퍼드 대학 생활에서 얻은 가장 큰 성과는 교실 밖에서 이루어졌다. 즉, 과학자의 삶을 시작하면서 영향력과 창의성이 뛰어난 많은 친구를 만났던 것이다. 그 중에서 와드햄 칼리지Wadham College의 학감인 존 윌킨스John Wilkins(1614~1672)와 크리스토퍼 렌Christopher Wren(1632~1723)이 대표적이다. 하지만 로버트 보일Robert Boyle(1627~1691)을 만나 1658년 그의 조수가 된 것은 훅의 가장 큰 행운이었다. 훅은 보일에게서 화학 관련 지식과 실험 노하우를 배웠고, 자신의 천부적인 기계 만드는 능력을 활용하여 스승이 공기空氣를 연구하는 것을 도왔다.

1662년 영국 왕립학회The Royal Society of London for the Improvement of Natural Knowledge가 출범하자 훅은 실험 관리인에 선출되었다. 하지만 윌킨스, 렌, 보일 등과 동등한 회원이 아니라 단지 고용원, 심지어 '하인'에 불과했다. 1665년 왕립협회의 회원이 된 훅은 그레샴Gresham 대학의 기하학 교수가 되었고, 학술 연구에 필요한 물리적 조건도 갖추게 되었다. 즉, 영국 최초로 급여를 받는 과학자 가운데 한 명이 되어 독립적인 학술 연구를 시작할 수 있었다.

훅은 팔방미인형 천재로 다방면에서 업적을 남겼다. 그는 놀라운 손재주와 창의력을 이용하여 당시 천문학, 물리학, 생물학, 화학, 기상학, 시계, 기계, 생리학 등 다양한 분야에서 탁월한 성

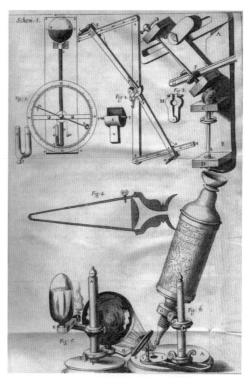

로버트 훅은 계기를 만드는 데 천부적인 소질을 보여주었다. 현미경의 구조를 보여주는 이 그림은 그의 천재성을 입증하기에 충분하다.

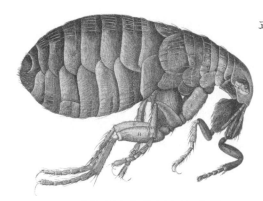

훅이 자신의 대표작 《마이크로그라피아 Micrographia(1665)》에 그린 벼룩.

과를 남겼다. 뿐만 아니라 예술, 음악, 건축 분야에도 조예가 깊었으므로 후대 사람들은 그를 '영국의 레오나르도 다빈치', '마지막 르네상스인'이라고 불렀다.

세포학설의 창시자

훅이 천재 학자로 이름을 날리게 된 결정적인 계기는 저서 《마이크로그라피아》 때문일 것이다. 1665년 1월에 첫 선을 보인 이 책의 가격은 30실링으로 매우 비쌌지만 큰 반향을 일으켰다. 현미경은 훅이 태어나기 훨씬 전에 이미 세상에 출현했지만, 망원경과는 달리 반세기가 넘도록 과학적으로 의미 있는 발견을 해내지 못했다. 그러다 훅이 《마이크로그라피아》를 출판한 이후에야 과학계는 비로소 현미경이 보여주는 미시 세계가 망원경이 보여주는 거시 세계 못지않게 화려하다는 사실을 깨달았다.

훅은 《마이크로그라피아》에서 천재적인 그림 솜씨를 보여주었다. 카메라가 없던 당시에 훅은 현미경으로 본 모습을 직접 손으로 그려 총 58점을 책에 수록했다. 안타깝게도 훅 자신의 초상화는 단 한 장도 남아 있지 않다. 전해지는 말에 따르면 뉴턴의 지지자가 유일하게 남은 그림 한 장마저 없애버렸다고 한다. 《마이크로그라피아》의 명확하고 아름다운 기록과 설명 덕분에 실험 과학은 강력한 소통의 도구인 그림을 이용하여 설명하고 교류할 수 있게 되었으며, 이후 과학자들도 이 선례를 따라 그림을 애용했다. 새뮤얼 피프스Samuel Pepys(1633~1703)는 관측 기기를 구입하고 연구에 몰두하여 1665년 2월 왕립학회에 가입하게 되었다. 또 1684년에는 영국 왕립학회 회장을 맡기에 이르렀는데 이처럼 그가 과학에 깊은 흥미를 느꼈던 계기는 훅의 책을 읽고 큰 감흥을 얻었기 때문이라고 한다.

위대한 천문학자

훅은 모든 과학 분야 가운데 천문학과 역학에서 가장 크게 기여했다. 그는 만유인력 법칙에서 가장 핵심이 되는 '역제곱의 법칙(두 물체 사이의 인력은 거리의 제곱에 반비례한다)'을 밝혀냈다. 천문 관측에서도 훅의 능력은 결코 뒤처지지 않았다. 그는 카시니, 하위헌스와 함께 가장 먼저 목성 표면을 자세하게 관측했으며, 1664년 5월 목성에서 발견한 대적반大赤斑이 목성의 위성이 비춘 그림자가 아니라 목성 자체가 갖고 있는 영구적인 표시의 하나라고 확신했다. 훅은 달, 혜성, 태양 등 천체도 독창적으로 연구했으며, 세상을 떠나기 1년 전까지도 태양의 지름을 좀 더 정확하게 관측할 방법을 연구했다.

훅은 1666년 왕립학회에서 끝부분이 두 개의 선으로 이루어진 추를 이용하여 태양과 지구, 달 사이의 상호작용에 관한 자신의 새로운 이론을 설명했다. 이 추의 한쪽 선에 연결된 큰 물

영국 천문학자 윌리엄 길버트William Gilbert(1540~1605)는 "지구는 거대한 자석이다."라는 이론을 최초로 주장하여, 당시 천문학자인 케플러와 훅, 뉴턴 등에게 큰 영향을 주었다.

체는 지구를 나타내고, 다른 쪽 선에 연결된 작은 물체는 달을 나타낸다. 이 두 물체는 서로를 돌면서 움직이는 하나의 시스템을 형성한다. 이는 태양 주위를 도는 하나의 독립적인 시스템이다.

1674년 훅은 수정된 관성의 법칙을 이용하여 행성 운동 이론을 제시했는데, 〈관측을 통한 지구의 운동 해석An attempt to prove the motion of the Earth by observations〉이라는 논문에서 행성의 운동 연구 이론에 관하여 다음과 같이 설명했다.

첫째, 모든 물체는 자신의 중심으로 기울어지는 인력 또는 중력을 가진다.

둘째, 천체는 힘을 받아 기울어지기 전까지 직선운동을 유지한다.

셋째, 중심에서 가까울수록 인력은 더 커진다.

넷째, 행성의 운동은 관성과 외부의 인력, 자체의 인력이 함께 작용한 결과다.

간단히 말하면, 지구와 지구 위 물체 사이에는 반드시 어떤 인력이 작용하며, 만약 인력이 작용하지 않는다면 지구가 자전할 때 이 물체들은 마치 우산 위의 물방울처럼 사방으로 튕겨져 나갈 것이다.

뉴턴과 대립하다

1679년, 훅은 인력에 관한 '역제곱의 법칙'을 발견했다. 이전에도 그는 뉴턴과 빛의 성질이 입자인가 파동인가를 두고 설전을 벌이기도 했다. 하지만 그는 역학 분야의 전문가인 뉴턴에게 편지를 써서 자신의 연구 아이디어를 설명하고 이를 발전시키고자 했다. 1680년 1월 6일, 훅은 뉴턴에게 보낸 편지에서 인력의 크기와 거리의 제곱이 반비례한다는 개념을 설명했다. 그러나 당시 그가 쓴 편지 내용은 매우 모호했으며 이 이론을 구체적인 수식으로 나타내지는 못했다.

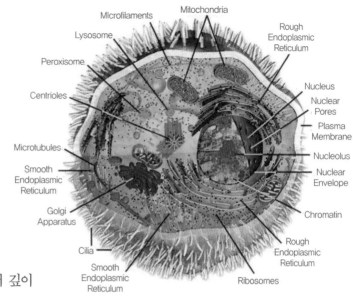

훅이 현미경으로 관찰한 세포의 구조

사실 뉴턴은 훅의 편지를 읽고 나서 인력 이론을 더 깊이 있게 연구할 수 있었다. 그는 당시 인력이 거리의 변화에 상관없는 상수常數이며, 행성의 운동은 구심력과 원심력이 동시에 작용함으로써 발생한다고 생각했다. 다만, 자신의 연구 성과를 발표하지 않았을 뿐이다. 훅과 뉴턴의 편지 교환은 과학사에서 매우 중요한 사건이었다. 뉴턴은 훗날 훅에게서 어떤 힌트를 얻었다는 사실을 극구 부인했지만, '눈매가 날카로운' 과학사(史) 학자들은 훅이 뉴턴에게 보낸 편지가 결정적인 도움이 되었을 것이라고 생각한다.

그런데 자신이 뉴턴보다 뛰어나다고 뽐내던 훅은 뉴턴의 잘못을 왕립학회에서 공개적으로 지적했고, 뉴턴은 그의 이런 지나친 행동에 분노하며 훅이 자신을 돋보이게 할 목적으로 대중들 앞에서 자신을 일부러 깎아내렸다고 단정했다.

1687년 뉴턴은 필생의 역작인 《자연철학의 수학적 원리》(보통 줄여서 《프린키피아 Principia》라고 한다)를 완성했고, 같은 해 4월 원고를 왕립학회에 보냈다. 이로써 두 사람의 설전은 뉴턴의 일방적인 승리로 끝났다. 비용 문제와 더불어 만유인력 법칙과 관련한 뉴턴과 훅 두 사람의 분쟁 때문에, 왕립학회는 이 책의 출판을 결정하지 못했다. 하지만 뉴턴의 친구인 핼리Edmond Halley(1656~1742)는 이 책의 가치를 잘 알고 있었으므로 기꺼이 자비를 들여 이 책의 출판을 도왔다.

《프린키피아》가 발표된 이후에도 훅은 고집을 꺾지 않고 자신이 만유인력의 역제곱 법칙을 먼저 발견했다는 사실을 인정하라고 뉴턴을 압박했다. 또 자신이 그에게 만유인력의 아이디어를 제공했다는 '공적'만이라도 프롤로그에 기입하라고 요구하기도 했다. 하지만 뉴턴에게서 아무런 대답을 듣지 못하자, 훅은 1693년 왕립학회 회의석상에서 또 다시 만유인력을 발견한 '우선권'이 자신에게 있다고 강변했다. 뉴턴은 훅의 이러한

1667년 런던에서 무엇인가를 조사하는 훅의 모습

끝없는 억지 주장에 분노했다. 만유인력은 완전히 자신 개인의 발견이라고 믿었던 뉴턴은 《프린키피아》에서 훅과 관련한 인용 문구 대부분을 통째로 삭제해버렸다. 나아가 어쩔 수 없이 인용해야 할 몇몇 구절에 대해서도 '존경하는 훅 씨'를 무례하게도 그냥 '훅'으로 바꿔버렸다.

뉴턴의 보복

　　뉴턴의 명성과 입김이 워낙 컸던 탓에, 혹은 그에게서 어떠한 시인是認의 말도 듣지 못한 채 1703년 3월 3일 쓸쓸히 생을 마감했다. 그 후 뉴턴은 당당히 영국 왕립학회의 의장직에 올랐고, 이 때문에 혹은 이후 과학의 역사에서 아무런 위치도 차지하지 못했고 제대로 된 평가도 받지 못했다. 왜냐하면 그가 죽은 후 모종의 권력 문제 때문에 영국 왕립학회에 남아 있던 혹의 실험실과 도서관이 차례차례 해체되었고, 혹이 남긴 모든 실험 결과와 연구 자료, 실험 기기들은 분산되거나 심지어 불태워졌기 때문이다. 얼마 지나지 않아 혹이 이룩한 모든 성과는 완전히 역사 속으로 사라지고 말았다. 심지어 그의 사후 초상화 한 장도 남지 않았는데, 어떤 사람은 그가 '너무 못생겨서'라고 말했고, 또 어떤 학자는 모든 권력을 틀어쥔 뉴턴이 그의 '라이벌'이었던 혹의 유물을 고의로 훼손하여 그에게 보복한 것이라고 단언했다.

　　미국 캘리포니아 대학교 산타크루즈 캠퍼

20세기 말에 발견된 혹의 초상화. 뉴턴과 갈등을 빚으면서 많은 그의 물건이 소실되었다.

혹이 영국 그리니치 천문대에서 설계한 사분의四分儀

스^{University of California Santa Cruz}의 마셜 눈베르크 교수는 최근 발견한 훅의 원고를 분석한 결과, 아래와 같이 정곡을 찌르는 결론을 내렸다.

훅은 인력 문제에서 인간이 지금까지 갖고 있었던 어떠한 지식보다 훨씬 심오한 지식을 갖고 있었으며, 그가 사용한 증명 방법은 뉴턴이 나중에 《프린키피아》에서 사용한 방법과 유사하다. 만유인력 법칙을 발견한 사람은 당연히 뉴턴이다. 그러나 이 과정에서 훅은 매우 중요한 또는 결정적인 역할을 한 것으로 보인다.

헤벨리우스

폴란드의 천문학자 요하네스 헤벨리우스(원래 이름은 얀 헤웰리우츠Jan Heweliusz이지만 주로 라틴어 이름 'Johannes Hevelius'로 불린다, 1611~1687)는 당시 막대한 부를 축적한 사업가였지만, 천문학에 심취하여 상현의, 해시계, 망원경 등 수많은 관측 기기를 제작했다. 당시 사람들은 짜증나는 색수차色收差(chromatic aberration, 굴절 정도에 따라 초점면에서 빛이 각기 다른 파장으로 분산되는 현상)를 없

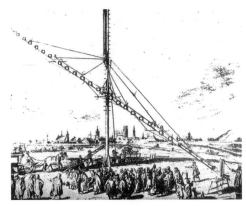

폴란드 천문학자 헤벨리우스가 만든 초대형 망원경

애기 위해 항상 망원경의 초점거리를 굉장히 길게 만들었으며 이는 헤벨리우스도 예외가 아니었다. 그가 만든 어떤 망원경은 구경은 별로 크지 않지만 초점거리가 무려 50여 미터나 되었다. 그래서 대물렌즈를 항상 높은 장대 끝에 매달아서 사용해야만 했다.

달 표면도를 그리다

달 표면 관측은 헤벨리우스가 가장 관심을 갖고 있던 분야였다. 그는 오랜 관측을 바탕으로 1647년, 당시 가장 정밀하고 상세한 달 표면의 그림인 《월면도Selenographia》를 그렸다. 이 그림에서 그는 달 표면의 산과 '바다'를 표시하고 각각 이름을 붙였는데 이들 중 일부는 지금도 사용하고 있다. 물론 잘못된 내용도 적지 않지만 그렇다고 해서 이 그림의 가치가 훼손되는 것은 아니다. 그는 달 표면 그림 한 장만으로도 '월면학의 창시자'로 불리기에 손색이 없다.

헤벨리우스 초상화

헤벨리우스는 월면도를 그리는 과정에 자연스럽게 달의 '광학 칭동光學秤動(optical libration)' 현상을 발견했다. '광학 칭동'이란 지구에서 바라볼 때 달이 상하, 좌우로 자주 흔들리는 현상을 말하며, 동서 방향의 칭동을 '경도 칭동libration in longitude', 남북 방향의 칭동을 '위도 칭동libration in latitude'이라고 한다. 이 두 가지가 주요 칭동이며 이 외에 '일주 칭동diurnal libration'도 있는데 영향력은 크지 않다. 이들 각 칭동은 모두 지구와 달의 위치 관계 때문에 발생하는 현상이므로 '기하학적 칭동'이라고도 한다. 칭동 현상 때문에 달 표면 가운데 우리가 항상 볼 수 있는 부분과 항상 볼 수 없는 부분이 각각 41%이고, 보였다가 안 보였다가 하는 부분이 18%이다.

성표 제작

헤벨리우스는 1657년부터 기존보다 훨씬 정밀한 성표星表를 그릴 계획을 세웠다. 하지만 불행하게도 1679년 9월 26일 화재가 발생했고, 그는 황급히 불을 껐지만 그의 천문대와 계기, 서적이 불타버렸다. 다행히 1680년 12월에 나타난 대 (大)혜성을 가까스로 관측할 수 있었다. 하지만 그는 이번 화재로 건강이 크게 나빠졌고 결국 1687년 자신의 생일에 세상을 떠나고 말았다.

헤벨리우스가 남긴 관측 기록을 토대로 편찬한 《천문학 서설Prodromus Astronomiae》은 그가 세상을 떠난 지 3년 후인 1690년에 출판되었다. 여기에 수록한 항성 1,564개의 위치는 모두 그가 직접 관측한 자료에 바탕을 두고 있으며, 이들은 모두 맨눈으로 볼 수 있는 별이다. 당시에는 망원경이 발명된 지 이미 반세기 정도가 지났으

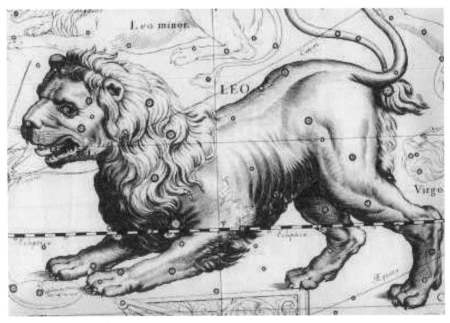

헤벨리우스가 그린 사자자리 그림

며 폭넓게 이용되던 시점이었다. 하지만 헤벨리우스는 관측자와 별 사이에 광학기기가 개입하면 관측의 정밀도가 떨어진다고 생각하면서 망원경 사용을 끝내 거부했다. 헤벨리우스의 성도와 성표의 정밀도는 맨눈으로 관측할 수 있는 최대치였고, 그의 성표는 맨눈으로 관측한 인류의 마지막 성표였다. 헤벨리우스의 성도는 56폭으로 되어 있는데, 그중 두 폭은 북반구와 남반구 하늘의 색인도이고, 나머지 54폭은 별자리 그림이다. 100여 년 전부터 천문학자들은 이미 적도좌표계를 중요하게 사용했지만 헤벨리우스는 보일과 마찬가지로 황도좌표계를 사용했는데, 이는 그의 보수적 성향을 잘 보여준다. 이 밖에 그의 보수성을 보여주는 또한 가지는 그가 그린 성도와 우리가 실제로 바라보는 밤하늘의 별자리의 좌우가 서로 뒤바뀌어 있다는 점이다. 즉, 천구의 바깥에 서 있는 신만이 헤벨리우스가 그린 성도에 묘사된 하늘을 볼 수 있다. 그는 신과 같은 조화로움을 얻기 위해서 이런 그림을 그렸을지도 모른다.

하위헌스

수수께끼와 토성 연구

　　　　　　　네덜란드 천문학자 크리스티안 하위헌스^{Christiaan Huygens}

(1629~1695, 관용적으로 '호이겐스'라고도 부른다)는 다음과 같은 수수께끼를 남겼다.

aaaaaaa ccccc dd eeeee g h iiiiiii

llll mm nnnnnnnnn oooo pp q rr s

ttttt uuuuu

(하위헌스가 1656년 〈토성의 위성에 관한 새로운 관측〉이
라는 논문에 써넣은 수수께끼로 3년 뒤인 1659년에 직접
이 글자의 비밀을 밝혔다. 그가 〈토성의 체계, 토성의 기
이한 현상의 원인에 관하여〉라는 논문에서 공개한 내용
은 'Annulo cingitur, tenui, plano, nusquam cobaerente,
ad eclipticam in clinato.'이다. 이는 라틴어로 '그것은 황도
쪽으로 기운 납작하고 얇은 고리로 둘러싸여 있고, 그 고리
는 어디에도 닿아 있지 않다.'라는 의미였다.)

하위헌스의 초상

하위헌스가 화성 연구에 큰 업적을 남겼기 때문에, 미국 최초의 화성 탐사선을 '하위헌스 호'라고 명명했다.

하위헌스는 천문학에 크나큰 업적을 남겼다. 그가 직접 제작한 광학 및 천문학 기기는 정밀도가 매우 뛰어났는데, 가령 렌즈를 직접 만들었고 망원경(이것을 이용하여 나중에 토성의 고리를 발견했다.)과 현미경을 개량했으며, 그가 만든 대안렌즈는 오늘날에도 사용되고 있다. 이 밖에 길이가 10여 미터에 이르는 공중망원경(경통이 없고 초점길이가 길며 색수차를 없앨 수 있다.)과 밤하늘을 나타내주는 '행성 기계'[오늘날의 플라네타리움-planetarium(교육적 목적이나 엔터테인먼트를 위해 천체의 영상을 상영하는 극장)의 초기 형태이다.] 등도 빼놓을 수 없다.

하위헌스는 직접 만든 망원경을 이용하여 수많은 천문 관측을 수행했고, 그 결과 천문학의 해묵은 수수께끼를 많이 풀어냈다. 예를 들어 갈릴레이는 망원경을 이용하여 '토성의 귀'를 발견했는데 나중에 이 '귀'가 사라진 현상도 발견되었다. 갈릴레이 이후의 과학자들은 이 문제를 집중 연구했지만 해답을 얻지 못했고, 이 '토성 귀의 출몰 현상'은 천문학의 수수께끼가 되었다. 하위헌스는 자신이 직접 개량한 망원경을 이용하여 토성 옆에 얇고 평평한 고리를 발견했는데, 이 고리는 지구의 공전 궤도 평면 방향으로 기울어져 있었다. 갈릴레이가 발견한 토성의 귀가 사라진 이유는 토성의 귀가 때때로 선형線型으로 보이기 때문이었던 것이다. 그는 또 토성의 위성 타이탄Titan과 오리온자리 성운, 화성의 극관極冠(화성의 두 극에서 볼 수 있는 희고 빛나는 부분으로 계절에 따라 변화한다) 등도 발견했다.

천재 설계자

시간을 측정하는 것은 인류의 오랜 숙제였다. 그 당시 해시계와 모래시계 등과 같은 시간 측정 장치가 있었지만 작동 원리의 정확성은 매우 낮았다. 갈릴레이가 진자의 등시간성等時間性을 발견한 이후, 하위헌스는 이 원리를 이용하여 시계를 만들었다. 이로써 인류는 새로운 시계를 갖게 되었다.

그 무렵 하위헌스는 천체 관측에 집중하고 있었고, 특히 정밀한 시간 측정의 중요성을 절감한 이후 정확한 시계를 제작하기 위한 연구에 몰두했다. 갈릴레이는 단진자 운동은 매끄러운 빗면에서 미끄러지는 물체의 운동과 유사하며, 운동 상태는 위치와 관련이 있음을 발견했다. 하위헌스는 한걸음 더 나아가 단진자 운동의 등시성을 증명했고, 이를 시계에 응용하여 세계 최초로

하위헌스와 그의 비서

진자시계를 제작했다. 이 진자시계는 크기와 모양이 서로 다른 톱니바퀴로 이루어져 있으며, 무거운 추를 단진동하는 저울추로 삼았다. 진동하는 추는 조절이 가능하므로 시간 계산도 비교적 정확했다. 그는 1673년에 발표한 《진자시계》라는 책에서 추가 진동하면서 스스로 시간을 알려주는 시계를 제작하는 방법을 설명했으며, 추의 진동 과정 및 특성을 분석함으로써 '진동중심'이라는 개념을 최초로 도입했다. 하위헌스는 중력을 받는 어떤 물체가 수평축을 중심으로 진동할 때, 이 물체의 질량은 줄 끝의 고정점에서 물체의 무게중심을 연결하는 선분 위의 한 점으로 집중시켜 단순화할 수 있다고 말했다. 그는 이처럼 복잡한 물체의 진동을 비교적 단순한 단진동 운동으로 바꿔서 연구했다.

《우주론》

하위헌스가 세상을 떠난 지 3년 후인 1698년, 그의 유작 《우주론》이 헤이그에서 출판되었는데 그는 이 책에서 매우 통찰력이 뛰어난 견해를 제시했다. 가령 항성의 수는 우리가 상상한 것보다 훨씬 많고 훨씬 먼 곳에 위치하며, 다른 행성에도 생명이 존재할 수 있다는 생각 등이 대표적이다. 오늘날의 관점으로 보면 이들은 아주 당연한 상식에 속한다. 하지만 그가 살았던 당시에는 매우 탁월하고 시대를 초월하는 생각이었다. 그런 까닭에 그의 사후 몇백 년간 《우주론》은 높이 평가받았다.

뉴턴 : 시대를 초월한 천재

1684년 1월, 영국의 천문학자 크리스토퍼 렌과 에드먼드 핼리는 영국 왕립협회에서 '태양 인력에 관한 역제곱 정리가 행성이 타원 궤도임을 의미하는가?'라는 문제를 가지고 치열한 논쟁을 벌였다. 그 당시 로버트 훅은 이 문제를 이미 증명했다고 공언했지만 이와 관련한 증명 과정은 공개하지 않았다. 그래서 핼리는 당시 케임브리지 대학에서 교편을 잡고 있던 뉴턴을 찾았다. 그는 뉴턴에게 질문했다.

뉴턴의 초상화

"태양의 인력이 제곱에 반비례하는 상황에서, 행성
 의 운동 궤도는 어떤 모습인가?"

그러자 뉴턴은 핼리가 기대하지도 않았던 대답을 내놓았다.

"그것은 타원입니다."

핼리는 깜짝 놀라 뉴턴에게 그 유도 과정을 알려달라고 요청했다. 하지만 뉴턴은 이를 즉시 가르쳐주는 대신 나중에 분명히 알려주겠다고 약속했다.

시간이 지나서 핼리는 뉴턴의 원고를 받았는데, 그는 여기에서 다음 내용을 증명했다.

"첫째, 중심의 인력이 작용하는 상황에서 운동하는 물체는 '면적의 법칙'을 따른다. 둘째, 인력이 역제곱의 법칙을 따르는 경우, 이 물체의 궤도는 2차 곡선(2차방정식으로 표현되는 곡선의 총칭으로 원, 포물선, 타원, 쌍곡선 등이 해당한다)이며 아마도 타원일 것이다. 셋째, 반대로 어떤 물체의 운동 궤도가 2차 곡선이라면 이 물체가 받는 힘은 역제곱의 법칙을 따를 것이다. 넷째, 물체가 타원 궤도를 따라 운동하고 인력이 타원의 초점을 향한다면, 이 궤도는 케플러의 제3법칙을 따르며 그의 역도 성립한다."

뉴턴이 발명한 반사망원경

뉴턴은 또한, 다음과 같이 썼다.

"그러므로 대부분 행성의 궤도는 타원이며, 타원의 한 중심은 태양의 중심이고(케플러의 제1법칙), 태양에서 행성에 이르는 선분이 휩쓸고 지나간 넓이는 시간에 비례한다(케플러 제2법칙). 이들은 케플러가 생각했던 내용과 완전히 일치한다."

뛰어난 천문학자 핼리는 뉴턴이 쓴 책의 의미가 굉장히 크다는 점을 곧 알아차리고, 그에게 책을 출판하라고 끈질기게 설득했다. 하지만 완벽주의자였던 뉴턴은 자신의 책이 현 상태로는 출판되기에 미흡하다고 생각했다. 또한 자신의 손으로 만들어낸 결과물에 점점 더 빠져 들어가면서 써야겠다고 계획한 논문의 수도 점차 늘어갔다.

인력의 변화가 정확히 거리의 제곱에 반
비례한다는 학설은 사람들의 찬사를 받았
다. 하지만 이 학설을 달까지 확대하고 싶
었던 뉴턴에게는 또 다른 난제가 기다리고
있었다. 지구가 낙하하는 하나의 돌에 미
치는 인력은 지구의 무수히 많은 구성요소
가 이 돌에 미치는 인력의 합과 같다. 그런
데 지구를 구성하는 무수히 많은 이 구성
요소 중에서 어떤 것은 돌에서 불과 몇 미
터 떨어져 있고 또 어떤 것은 수천 킬로미
터 떨어져 있다. 이처럼 돌로부터 거리가
현저히 다른 수많은 지구의 구성요소가 돌
에 미치는 인력을, 더구나 이 인력의 방향

뉴턴이 만유인력을 발견하는 과정은 대자연이 인간에 베푼 은혜를
묘사하는 카툰으로 자주 사용된다.

도 제각각인데 이들을 어떻게 하나로 합친단 말인가? 이에 대해 뉴턴은 매우 가치
있는 원리를 성공적으로 증명해냈다. 그것은 하나의 균일한 지구(지구는 하나의 구
에 가깝다)의 인력의 총합은 모든 물질이 지구의 중심에 집중되어 있을 때 발생하는
외부에 대한 인력과 같다는 것이었다. 따라서 지구 전체가 지표면 근처에서 자유
낙하하는 돌에 가하는 인력의 크기는, 지구를 구성하는 모든 물질이 지구의 중심
에 위치해 있을 때 이 돌에 가하는 인력과 정확히 일치한다.

이런 놀라운 수학적 발견에 크게 고무된 뉴턴은 한걸음 더 나아가 지구가 돌에
가하는 인력(거리는 지구의 반지름과 같다)과 지구가 달에 가하는 인력(거리는 지구 반지름
의 약 60배이다.)을 서로 비교했다. 지구가 돌에 미치는 인력을 통해 우리는 돌이 자

만년의 뉴턴

유 낙하할 때 갖는 가속도를 구할 수 있으며, 마찬가지로 지구가 달에 미치는 인력을 통해 달의 '낙하'를 유도할 수 있다. 즉, 달이 직선운동에서 이탈하여 지구 주위를 도는 궤도로 진입한다는 뜻이다. 뉴턴의 계산은 지구—돌의 인력과 지구—달의 인력의 비율이 실제로 1:60임을 증명하고 있다. 뉴턴의 이 발견으로 인해 아리스토텔레스가 말한 하늘과 땅은 서로 다르다는 '설교'는 치명타를 맞았다. 반면 케플러의 행성 운동 법칙 및 갈릴레이가 연구한 '자유 낙하하는 돌은 모두 동일한 역학 법칙의 지배를 받는다.'라는 이론은 의심의 여지없이 명확해졌다.

뉴턴은 인력을 적용하여 많은 현상을 설명했고 이를 훌륭한 책으로 엮어 속속 발표했다. 예를 들어 그는 조석潮汐 현상이 생기는 원인을 아주 명쾌하게 설명했다. 즉, 밀물과 썰물은 고정된 지구와 움직이는 바다가 태양과 달로부터 받는 인력의 차이 때문에 발생한다고 말했다. 또한 지구는 회전하기 때문에 적도 부분이 조금 부풀어 올라있고 북극과 남극 부분은 약간 평평하다고 설명했다. 뿐만 아니라 지구는 이처럼 완전한 구가 아니기 때문에 태양과 달의 인력을 받아 마치 어린이가 가지고 노는 소라껍데기처럼 움직이며, 그리스의 히파수스가 발견했듯이 이분점(춘분점과 추분점)이 이동하게 된다고 말했다.

어느 면에서 보나 뉴턴의 《프린키피아》는 천문학 역사상 한 시대의 종결을 고했고, 동시에 새로운 한 시대의 시작을 알렸다. 그리고 그 후 수십 년에 걸친 '천체역학의 발전의 서막이기도 했다.

뉴턴은 만유인력의 법칙을 이용하여 행성의 운행 시스템을 완전히 새로운 시각으로 바라보았다. 그는 지구, 목성, 토성과 같은 행성의 주위를 도는 위성이 모^母 행성을 향하는 가속도에 주목하였고, 이 가속도에 영향을 주는 중요한 요소가 행성의 주위를 도는 위성의 질량이라는 사실을 밝혀냈다. 계산 결과 목성과 토성의 질량은 지구보다 훨씬 컸다. 따라서 수성, 금성, 화성의 질량은 지구보다 작을 것이라고 예측할 수 있었다. 행성 사이에 인력이 상호작용하는 대표적인 예가 바로 지름과 질량이 모두 큰 목성과 토성이었다. 천문학자들은 실제로 오랫동안 케플러의 이론을 목성과 토성에는 제대로 적용하지 못했다. 하지만 그로부

1738년에 출판된 볼테르Voltaire(1694~1778)의 저서 《뉴턴의 철학 원리》겉면. 뉴턴의 머리 위로 비추는 광명이 샤틀레 부인을 모델로 그린 뮤즈Muse 여신이 손에 든 거울에 반사되어 뉴턴이 연구에 몰두하고 있는 원고 위에 쏟아지고 있다. 이 철학 저서는 아마도 그의 연인 에밀리 드 샤틀레 부인이 완성한 것으로 보인다.

터 약 한 세기가 지나서 뉴턴은 그들이 좌절했던 이유를 명쾌하게 설명했다.

그러나 독실한 기독교 신자 뉴턴은 자신의 이론을 더욱 확대하는 대신 자신의 마지막 쉴 곳이 창조주 하느님이라고 생각했다. 그는 우주는 안정되어 있고 마치

시계처럼 정확한데, 이는 하느님께서 사려 깊게 의도하신 결과이며 태양계가 매우 질서정연하게 운행하는 것이 바로 그 증거라고 생각했다. 또한 태양계에서 행성의 공전 궤도는 태양과 행성 사이를 연결한 선분과 거의 평행하게 배열되어 있고 모든 행성은 같은 방향으로 운행하며 지름과 질량이 커서 붕괴될 가능성이 있는 두 행성은 바깥 궤도에 배치해 두었다고도 말했다. 하지만 그는 이와 같은 철저한 계획에도 불구하고 태양계의 붕괴를 영원히 막을 수는 없기 때문에 하느님께서는 이 대재앙을 막기 위해 때때로 개입하신다고 믿었다. 그리고 '자연의 책'을 읽을 수 있는 사람들에게 이 모두는 하느님께서 자신의 창조물에게 얼마나 관심을 쏟고 계시는가를 보여주는 명확한 증거라고 생각했다.

《브리태니커 백과사전》(1772)에 수록된 한 삽화. 위쪽에는 '진리'의 머리 위에서 지혜를 상징하는 광명光明이 쏟아지고 있고, 옆에는 '이성'과 '철학'이 그녀의 얼굴에서 베일을 벗고 있다. 여기에서 광명은 계몽 운동의 핵심적 상징으로 사용되었다.

《프린키피아》의 영향

뉴턴은 1687년 《자연철학의 수학적 원리》(약칭《프린키피아》)를 출판했다. 이후 천문학은 이전과 완전히 달라졌다. 가령 데카르트의 《철학 원리》와 비교한다면 이런 변화는 더욱 명확해진다. 데카르트가 모호하게 표현한 부분에 대해 뉴턴은 정확하게 수학적으로 결론을 내렸다. 데카르트는 정성적 해석에 만족했지만, 뉴턴은 기하학을 이용하여 정량적으로 예측했다.

뉴턴의 추종자들에게 뉴턴은 인류 역사상 둘도 없는 천재이며, 인류에게 우주의 기본 진리를 밝힌 '거인'이었다. 영국의 시인 포프^{Alexander Pope}(1688~1744)는 다음과 같은 시로 그를 기렸다.

자연과 자연의 법칙은 암흑에 잠겨 있었다.

하느님께서 뉴턴에게 말씀하셨다. 세상에 내려가라.

그러자 세상에 광명이 넘쳤다.

천문학 가문

카시니의 초상

카시니 가문을 대표하는 가장 유명한 천문학자가 바로 지안 도메니코 카시니^{Gian Domenico Cassini}(1625~1712)이다. 그는 이탈리아의 페리날도^{Perinaldo}에서 태어났으며 제네바 등에서 공부했다. 25세 때부터 무려 19년 동안 볼로냐 대학 천문학 교수를 역임했던 카시니는 당시에 유행했던 초점거리가 매우 긴 굴절망원경을 이용하여 많은 관측을 수행했다. 그는 화성과 목성을 관측하여 이들의 자전주기를 당시로서는 매우 정밀한 수준으로 측정했다. 그가 측정한 화성의 자전주기는 24시간 40분으로 오늘날 사용하고 있는 값보다 3분밖에 길지 않으며(현재 화성의 자전주기는 24시간 37분 22.6초이다), 목성의 자전주기는 현재 사용하는 값과 완전히 일치한다. 또한 목성의 위성을 관측하여 1668년 역사상 최초로 목성 위성의 '계산표'를 만들었으며, 이는 해상에서 목성의 위성을 관측하여 위도와 경도를 측정하는 데 중요한 근거가 되었다.

최초의 천문대장

카시니는 프랑스의 태양왕 루이 14세Louis XIV(재위 1643~1715)의 초청으로 1669년 파리로 이주하여 정착했으며, 2년 뒤에는 건설한 지 얼마 안 된 파리 천문대의 초대 천문대장이 되었다. 파리에 온 지 얼마 안 됐을 때, 그는 마침 건설하고 있던 천문대에 불만이 많았다. 루이 14세는 천문대를 아름답고 화려하게 지으라고 명했지만, 이들 건물과 견고한 벽이 하늘을 지나치게 많이 가린 탓에 제대로 된 역할을 하지 못했던 것이다. 이는 결코 이상적인 천문대는 아니었지만, 그로서는 어쩔 도리가 없었고 그냥 맡은 바 최선을 다할 수밖에 없었다.

파리 천문대를 시찰하고 있는 태양왕 루이 14세

1671년 천문대장을 맡은 그 해에 카시니는 토성의 위성인 이아페투스Iapetus(제8 위성)를, 다음 해에는 레아Rhea(제5 위성)를 발견했다. 이어 1684년에는 제4 위성인 테티스Tethys와 제3 위성인 디오네Dione를 잇달아 찾아냈다. 이로써 토성의 위성은 5개로 늘어났다(최초의 위성은 1655년 네덜란드의 천문학자 하위헌스가 발견한 제6 위성인 타이탄이다).

1675년 당시에는 새벽녘 동쪽 하늘에서 토성을 볼 수 있었는데, 카시니는 길이가 10미터에 달하는 망원경을 이용하여 토성 고리 중 하나의 검은 틈이 이를 'A 고리'와 'B 고리'로 나누고 있음을 발견했다. 안쪽 고리는 조금 밝았고 바깥쪽 고리는 다소 어두웠는데, 마치 잘 닦은 은 목걸이와 그렇지 않은 목걸이처럼 보였다. 이는 토성의 고리 가운데 가장 중요한 틈으로, 훗날 사람들은 이를 '카시니 간극間隙(Cassini Division)'이라고 불렀다. 이를 근거로 카시니는 토성의 고리가 부피가 서로 다른 무수히 많은 물질로 이루어져 있다고 생각했으며, 이는 200년 뒤에 사실임이 밝혀졌다.

카시니는 화성의 '시차視差(parallax)'를 측정하는 데 가장 큰 관심을 가졌다. 어떤 천체의 '시차'란 서로 다른 두 위치에서 그 천체를 관측했을 때 나타나는 시선 방향의 차이를 말한다. 1672년에 화성이 마침 충衝(opposition, 2개의 천체가 하늘에서 정반대 방향에 보이는 현상. 외행성의 경우 지구-태양-외행성의 순서일 때 충이 된다)의 위치에 있었을 때, 카시니는 파리에서, 그의 조수인 리치는 프랑스령인 남아메리카 기아나의 카이엔 섬으로 가서 화성을 동시에 관측했다. 그리고 두 곳의 관측 결과를 종합한 결과 그는 화성의 시차가 25″임을 발견했고, 이를 이용하여 태양과 지구 사이의 거리가 8,570만 마일, 즉 1억 3,800만 km임을 알아냈다. 이는 17세기 당시의 기술로서는 거의 완벽에 가까울 만큼 정밀한 관측 값이었다. 리치도 이 일로 인해 어느 정도 명성을 얻게 되었지만, 시기심이 많은 카시니는 이를 못마땅하게 여겨 그를 멀리 떨어진 지방으로 보내 버렸다. 불쌍한 리치는 이로써 천문학 발전에 더 이상 업적을 남기지 못했고 그의 이름도 잊혀지고 말았다.

보수적인 카시니

29세의 젊은 덴마크 천문학자 올레 뢰머Ole Christensen Rømer(1644~1710)는 1673년 파리로 와서 카시니의 조수가 되었다. 뢰머는 목성의 위성을 관측하던 중, 1676년에 빛의 속도를 측정했다. 물론 그가 얻은 빛의 속도와 오늘날 사용하는 값은 차이가 크지만, '빛의 속도는 유한^{有限}하며 고대의 인간이 생각했던 것처럼 '무한대'가 아니라는 점을 발견한 것은 큰 업적이었다. 하지만 카시니는 뢰머의 업적을 인정하지 않았다. 자신의 주장을 굽히지 않았던 뢰머는 결국 1681년 덴마크로 돌아갔고, 황실의 수학자 겸 코펜하겐 대학교 천문학 교수를 역임했다.

안타깝게도 카시니는 시기심도 컸을 뿐 아니라 굉장히 보수적이었다. 그는 마지막 두 눈을 감는 순간까지도 코페르니쿠스의 학설을 받아들이지

올레 뢰머의 초상화. 목성의 위성을 관측하던 중 1676년에 빛의 속도를 측정했다. 물론 그가 얻은 빛의 속도와 오늘날 사용하는 값은 차이가 크지만, '빛의 속도는 무한대이다.'라고 믿었던 고대인의 생각이 틀렸음을 증명했다는 점에서 의미가 크다.

충에 위치한 화성의 모습

않았다. 또한 케플러의 행성 운행 법칙과 뉴턴의 만유인력의 법칙도 인정하지 않았다. 그의 이런 보수성에도 불구하고 우리는 그의 관측과 발견이 얼마나 값지고 천문학의 발전에 얼마나 크게 기여했는지 인정해줘야 할 것이다.

천문학자 가문

지안 카시니의 둘째 아들 자크 카시니(1677~1756)가 제2대 파리 천문대 대장이 되어 아버지가 생전에 자오선의 길이를 실측했던 업무를 이어받았다. 그리고 자크 카시니의 둘째 아들 세자르 카시니(1714~1784)와 손자 장 카시니(1728~1845)가 차례로 제3대, 제4대 천문대장이 되었다. 한 가문의 4대가 차례로 파리 천문대 대장이 된 것은 대단한 미담으로 후세 사람들에게 회자되었다.

핼리혜성을 추적하다

핼리의 예언

사람들은 난생 처음 보는 사물에 두려움을 느끼게 마련인데, 혜성이 가장 대표적인 예다. 항성은 밤하늘에 거의 움직이지 않으며, 타원 궤도로 운행하는 행성의 움직임은 예측이 가능하다. 그러나 혜성은 다르다. 혜성은 비정기적으로, 생각할 틈을 주지 않고 불쑥 나타나는 듯이 보였으므로 옛날 사람들은 하늘에 혜성이 나타나면 불길한 일의 전조로 생각했다. 그래서 고대 중국인은 혜성을 재난과 불길함이라는 뜻에서 '소추성掃帚星('빗자루별'이라는 뜻)'이라고 불렀다. 고대 그리스 철학자 아리스토텔레스는 하늘이란 완벽해야 하므로 혜성과 같이 우연히 존재하는 물체를 이동시키는 별도의 공간(즉, '천구')은 필요 없다

영국의 천문학자 핼리의 초상

고 생각했다. 따라서 그는 혜성이란 지구 대기층에서 빛을 내는 기체에 불과하다고 여겼다. 하지만 이런 이론이 당시 유럽 사람들의 공포감을 줄여주지는 못했다.

핼리가 만든 천문 망원경

사람들이 혜성을 두려운 대상이 아닌 호기심의 대상으로 바라보게 된 계기는 영국의 천문학자 에드먼드 핼리Edmond Halley(1656~1742) 덕분이었다. 핼리는 부유한 사업가 집안에서 태어났다. 비누 제조업자였던 그의 아버지는 당시 비누가 유럽에서 막 유행하던 무렵이어서 큰돈을 벌었다. 윤택한 집안 덕에 어려서부터 훌륭한 교육을 받았던 핼리는 1673년 옥스퍼드 대학에 입학했다. 하지만 학업 성적이 그다지 뛰어나지 않았던 탓에 그는 1676년 학업을 포기했다. 대신 아버지의 지원을 받아 구입한 천문 관측 기기를 가지고 대서양의 남반구에 위치한 영국령 세인트헬레나Saint Helena섬으로 떠났다. 그는 그곳에서 남반구 최초의 천문대를 세우고 341개의 별을 관측하여 최초의 남반구 성도를 작성했다. 그의 이런 행보에 대해 사람들은, 영국이 1675년 그리니치 천문대를 세우고 한 천문학자에게 북반구 하늘의 성도를 제작할 권한을 부여한 것에 자극받은 것이라고 추측했다. 이 예측이 사실이라면 핼리는 큰 일을 위해 작은 일에 구애받지 않는 사람인 셈이다.

핼리는 1678년에 영국으로 돌아와 자신이 제작한 성도를 출판했다. 그 결과 자퇴하여 학사학위도 없는 그는 온갖 찬사를 받았고, 옥스퍼드 대학의 석사학위까지 받으며 스물둘의 나이에 왕립학회의 회원이 되었다. 하지만 핼리의 이름이 천문학 역사에 길이 남게 된 결정적 계기는 혜성의 주기를 예측했기 때문이다.

핼리는 1695년부터 수많은 혜성의 궤도를 자세히 연구했다. 당시 과학계의 거물인 뉴턴은 혜성의 궤도가 포물선이라고 보았지만 핼리는 타원 궤도라고 믿었다. 즉, 일정한 시간이 지나면 동일한 혜성을 다시 볼 수 있다고 생각했다. 그는 1456년, 1531년, 1607년에 나타난 혜성과 1682년 직접 관측한 혜성 모두가 동일한 궤도를 지나 운행했다는 사실을 발견했다. 그래서 이들이 모두 동일한 혜성이고 매우 긴 궤도를 따라서 주기적으로 운행하며,

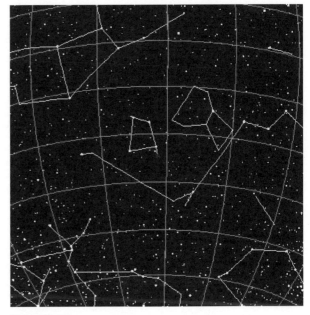

핼리가 그린 성도

75~76년을 주기로 지구와 태양에 가까워진다고 생각했다. 이를 바탕으로 핼리는 이 혜성이 1758년에 다시 근일점近日點으로 되돌아올 것이라고 예측했다.

　이는 실로 대담한 예측이었다. 역사적으로 수많은 혜성이 출현했지만 어느 누구도 동일한 혜성이 또 다시 출현할 것인가를 생각한 적이 없기 때문이다. 물론 그는 죽기 전까지 이 혜성을 다시 볼 기회가 없었다. 하지만 1759년 이 혜성은 마치 약속이나 한 듯이 다시 나타났다. 그가 예언한 시간보다 1년 가량 늦긴 했지만. 만약 핼리가 하늘나라에서 이 사실을 전해 들었다면 매우 자랑스럽지 않았을까? 사람들은 그의 이름을 따서 이 특별한 혜성을 '핼리혜성'이라고 명명했다. 핼리혜성이 최근 지구 근처에 출현한 것은 1986년이었으므로, 다음번에는 2061년에나 다시 볼 수 있을 것이다.

핼리는 이밖에도 중요한 발견을 하여 천문학 역사에 기여했다. 1716년 핼리는 태양—지구 거리를 측정하기 위하여 1761년과 1769년에 나타날 예정인 '금성의 태양면 통과 현상Venus in transit across the Sun'을 절대 놓치지 말라고 조언했다. 당시로서는 이 천문 현상이 태양—지구 거리를 측정할 수 있는 가장 적합한 방법이었다. 1718년 핼리는 자신이 세인트헬레나 섬에서 관측한 자료와 히파수스 등 고대 천문학자들이 수백 년간 관측하여 얻은 항성 위치 자료를 비교했다. 그 결과 밝은 별 중 적어도 4개의 위치가 조금 또는 뚜렷하게 변화했음을 발견했다. 이 별들은 알데바란Aldebaran, 시리우스, 아크투루스Arcturus, 베텔규스Betelgeuse로, 각각 황소자리, 큰개자리, 목자자리, 오리온자리에서 가장 밝은 별이다. 핼리가 발견한 항성의 위치 변화는 항성 자체의 운행 때문에 발생하며, 이는 항성 연구에서 매우 의미가 크다.

혜성 탐정

프랑스의 루이 15세는 언젠가 프랑스의 천문학자 메시에Charles Messier (1730~1817)를 '나의 혜성 탐정'이라고 부른 적이 있다. 이 말은 조금 우스꽝스럽게 들리지만 이 천문학자가 평생 이룩한 업적을 표현하기에는 손색이 없다.

메시에는 프랑스 로렌Lorraine 지방 뫼르트에모젤Meurthe-et-Moselle주의 바동빌레 Badonviller에서 태어났다. 집안이 가난한 탓에 학교를 오래 다니지 못한 그는 1751년 파리의 프랑스 해군 천문대에서 천문관 조제프 니콜라 더릴의 조수가 되어 천문 관측의 길을 걷게 되었다. 그는 이 일을 매우 만족스러워했다. 특히 1744년에 꼬리가 6개 달린 매우 특이한 혜성을 발견한 후 평생을 천문학에 헌신하기로 결심했다.

1986년에 다시 나타난 핼리혜성

　핼리혜성 관측은 메시에의 인생을 크게 바꿔 놓았다. 저명한 천문학자 핼리의 예언이 발표되자 메시에를 비롯한 많은 아마추어 천문학자가 큰 흥미를 보였다. 메시에는 더릴의 지도를 받아 소형 반사망원경을 가지고 혜성을 찾기 시작했다. 그리고 1759년 1월 21일, 그는 모든 사람이 오랫동안 기다리던 핼리혜성을 찾아내는 데 성공했다. 비록 다른 천문학자의 발견보다 한 달 정도 늦었지만, 이 발견으로 메시에는 크게 유명해졌다.

　남보다 한발 늦게 핼리혜성을 발견했지만 메시에는 실망하기는커녕 더욱 열정적으로 혜성 관측에 나섰다. 그는 이후 15년 동안 매일같이 혜성을 탐사했으며, 이 작업은 보통 이른 새벽 또는 해가 진 뒤부터 몇 시간씩 이어졌다. 그 결과 메시에는 혜성 21개를 발견하여 혜성을 가장 많이 발견한 천문학자가 되었으며, 그가

파리 천문대의 초창기 모습

관측한 혜성은 모두 46개나 되었다.

메시에는 1760년에 은퇴한 더릴의 뒤를 이어 천문대장이 되었다. 그는 혜성을 탐사하다가 혜성으로 오인하기 쉬운 희미한 천체를 발견했는데, 나중에 이것이 성단星團과 성운星雲 등이라는 사실을 알게 되었다. 이 천체들은 때때로 혼동을 일으켜 메시에는 귀중한 시간을 빼앗기기도 했다. 그래서 메시에는 이들을 혼동하지 않도록 성단과 성운 총 45개의 목록을 정리하여 1771년 《프랑스 과학원지誌》에 발표했다. 이 목록 중 첫 번째가 1054년에 나타난 초신성의 잔해인 황소자리 게성운이다. 그는 매생Pierre Mechain(1744~1804)과 함께 세 차례 수정을 거쳐 1781년에 천체 103개의 목록을 발표했다. 두 사람의 머리글자가 모두 M이므로 후대 사람은 이를 'M목록'이라고 불렀다. 하지만 대부분 사람은 관습적으로 '메시에 목록Messier Catalog'이라고 부른다.

프랑스 천문학자 샤를 메시에

메시에가 발견한 황소자리의 게성운

　메시에가 이 목록을 작성한 이유는 자신과 동료 천문학자들의 관측에 편의를 제공하기 위해서였을 뿐, 이로 인해 유명해질 줄은 꿈에도 몰랐다. 그의 이름이 천문학 역사에 당당히 자리 잡게 된 계기는 다름 아닌 '메시에 목록'이었다.

영국 최초의 천문대

항해의 필수품

그리니치Greenwich는 영국 템스
강Thames River 강변에 위치한 작은 산봉우리로,
바다에서 템스 강 하구를 따라 런던 시내로
들어오는 배는 반드시 거쳐야 하는 곳으로
그야말로 런던의 관문이다. 15세기 초 영국
왕실은 그리니치를 런던의 방어 요새로 삼고
포대와 전망탑을 설치하여 템스 강 위를 지
나는 선박을 감시했다. 또 많은 궁전을 세우
고 주위의 숲과 풀밭에는 왕실에서 사슴과

초기의 그리니치 천문대

매를 기르고 사냥하는 정원으로 조성했다. 당시 영국 국왕은 그리니치의 궁전을
'플라센티아 궁전Palace of Placented'이라고 불렀다.

1675년 찰스 2세Charles II(재위 1660~1685)는 그리니치 산꼭대기의 전망탑이 있던 곳
에 영국 왕실천문대Royal Greenwich Observatory를 세우고 "항해와 천문학 발전을 위해 정

확한 경도 측정 방법을 모색하라."라는 명령을 내렸다. 당시 영국은 전 세계 바다를 누비며 영토 확장에 몰두하고 있었으므로, 찰스 2세는 별을 잘 관측하면 원양 항해에 도움이 되리라고 판단했다. 실제로 당시에는 해와 달, 별 등을 이용하여 선박이 위치한 위도는 판단할 수 있었지만 경도를 측정하는 기술은 없었으므로 좀 더 정밀한 성표가 필요했다. 물론 당시에도 티코 브라헤가

크리스토퍼 렌이 설계한 그리니치 천문대의 매우 특징적인 대형 관측 공간. 입구 왼쪽의 시계는 하위헌스가 1657년에 발명한 그 괘종시계이다. 또 다른 창문에 달린 상한의는 시간을 검사하고 확인하는 용도로 쓰였다.

만든 매우 정밀한 성표가 있었지만, 백여 년 전에 맨눈으로 관측한 결과물에 불과하기에 당시 항해 산업의 수요를 충족하기에는 부족했다.

천문대 건설 사업은 순조롭게 진행되어 얼마 후 완성되었고 찰스 2세는 왕립학회의 한 회원인 존 플램스티드^{John Flamsteed}(1646~1719)를 초대 대장으로 임명했다. 그는 이로 인해 훗날 '최초의 왕실 천문학자'라는 영예를 얻었다.

완고한 천문대장

플램스티드는 1675년 왕실천문대의 대장으로 임명되었지만 운영 경비가 부족한데다 겨우 100파운드밖에 안 되는 급여 또한 자주 체불되는 등 형편이 매우 어려웠다. 그래서 그는 바쁜 업무 시간을 쪼개 140명에 달하는 학생

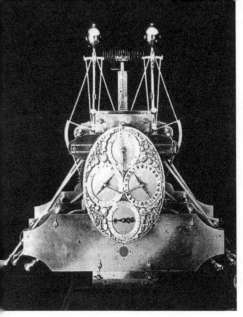

휴대용 정밀시계의 선구자인 존 해리슨John Harrison이
해군용으로 만든 시계

을 추가로 받아들여 가르치고, 그들이 낸 수강료를 부족한 경비로 충당해야 했다.

정밀한 현대 천문 관측의 개척자 존 플램스티드는 천문 관측에 정통했다. 하지만 완벽하고 실용적인 성표를 만드는 일은 결코 쉽지 않았고 작업은 매우 더디게 진행되었다. 가장 큰 원인은 그의 성격이 너무 꼼꼼했기 때문이다. 가령 조금이라고 불만족스러운 관측 결과는 일절 발표하지 않았다. 그 결과 많은 시간이 흘렀지만 사람들이 애타게 기다리던 성표는 발표되지 않았다. 또한 그는 학자들과 분쟁을 일으키기도 했다. 특히 쉽게 흥분하고 화를 내는 이 천문대장과 뉴턴, 핼리 사이에서 발생한 격렬한 논쟁은 유명하다.

뉴턴은 1694년부터 플램스티드를 찾아와 그가 달의 운동에 관하여 관측한 자료를 요청했다. 이후에도 만유인력 이론을 검증하기 위해 플램스티드에게 여러 차례 편지를 써서 자료를 부탁했고 결국 자료를 얻는 데 성공했다. 플램스티드는 1700년에 친구 로소프에게 이렇게 말했다.

"(뉴턴은) 처음에 달의 운행표를 자신이 구상한 법칙에 맞추려고 했는데, 나중에 이 법칙과 천체(즉, 달의 관측 위치)를 비교해 보니 자신이 틀린 것을 알아차렸다네. 그래서 자신의 법칙을 전부 폐기할 수밖에 없었지. 나는 그에게 달에 관한 관측 자료를 200여 개나 제공해. 사람들은 이 정도 양이라면 어떤 이론이라도 만들어낼 수 있다고 생각할 거야. 어차피 그는 자신의 이론을 수정했고 또 내가 준 관측 자료에 부합하도록 이론을 수정했으니, 그의 이론은 내가 준 자료를 묘사한 것이라고 해도 틀린 말은 아니지 않은가? 그런데도 그는 새로운 이론에 감격해했고 심지어 인력에 관한 억측에 스스로 감동했지. 이런 억측 때문에 많은 오류를 범했는데도 말일세."

그 당시 뉴턴은 이미 왕립학회의 의장 자리에 올라 있었다. 그는 자료를 요구하면서 자주 플램스티드의 업무에 대해 잔소리를 해댔고 심지어 자신의 지위를 이용하여 존경해야 할 이 천문학자에게 모욕을 주기도 했다. 플램스티드는 크게 분노하여 1700년 이후 더 이상 뉴턴과 편지를 주고받지 않았다. 뉴턴이 저서 《프린키피아》에 인용한 자료는 플램스티드에게서 얻은 것이었다. 하지만 두 사람 사이의 갈등으로 인해 뉴턴은 《프린키피아》 제2판(1713년)에서 플램스티드의 이름을 아예 삭제해버렸다.

영국 그리니치 천문대 초대 대장인 존 플램스티드의 초상. 그는 정밀한 천문 관측의 창시자 가운데 한 사람이다.

뒤늦게 출판된 '영국 천체 목록'

하지만 플램스티드의 정밀한 천체 관측 자료가 절실하게 필요했던 뉴턴과 핼리는 그에게 관측 자료를 빨리 출판하라고 독촉했다. 하지만 플램스티드는 철저하게 교정한 이후에야 출판하겠다는 뜻을 굽히지 않았다.

그러자 뉴턴과 핼리는 플램스티드의 허락도 받지 않은 채 1712년 그가 평생 피땀 흘려 관측한 성표를 발표하는 부도덕한 짓을 저질렀다. 그들은 400권을 인쇄했는데 그중 300권은 플램스티드가 회수했다. 그는 철저한 검증도 거치지 않았고 오류로 가득하며, 오직 뉴턴과 핼리 자신의 이론의 필요성 때문에 고치고 다듬은 인쇄물을 보자 매우 분노하여 이 책들을 모조리 불태워 버렸다. 그 후 플램스티드는 성표를 더욱 자세하고 철저하게 검증했고, 그가 죽은 후 제자가 이를 1729년에 출판했다.

안타깝게도 이 성표는 예상했던 것만큼 널리 쓰이지 못했다. 이 성표가 나오기 70년 전부터 정확한 천문시계가 나와 꾸준히 발전한 탓에 달의 위치를 관측하여 시간과 경도를 결정하는 방법이 구식으로 여겨졌기 때문이다.

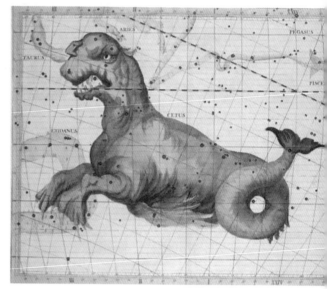

'영국 천체 목록Historia Coelestis Britannica'에 나오는 별자리

브래들리

1742년에 핼리가 세상을 떠나자 제임스 브래들리$^{James\ Bradley}$(1693~1762)가 그리니치 천문대의 제3대 대장으로 임명되었다. 일설에 따르면 영국 국왕이 그에게 급여를 올려주려고 하자 브래들리는 이 호의를 거절했다고 한다. 그는 왕실 천문학자의 급여가 너무 높으면 돈을 욕심내는 사람이 많아져 정말 실력 있는 천문학자가 이 자리에 오를 수 없기 때문이라고 말했다. 그의 견해는 적어도 한 가지 면에서는 옳았다. 브래들리가 발견한 '광행차^{光行差}'는 그가 얼마나 실력 있는 천문학자인지 확실히 증명했던 것이다.

항성 간 거리 측정

뉴턴 역학의 정확성이 입증되자 코페르니쿠스의 태양중심설을 믿는 사람이 점점 늘어났다. 하지만 태양중심설을 뒷받침하는 항성의 연주시차^{年周視差}(annual parallax, 지구의 공전 때문에 항성의 겉보기 위치가 변해 보이는 현상)가 여전히 관측되지 않아 사람들은 갈등에 휩싸였다. 지안 카시니와 같은 저명한 천

영국의 천문학자 제임스 브래들리의 초상

문학자는 1712년에 세상을 떠나는 순간까지도 코페르니쿠스의 지동설을 받아들이지 않았는데, 그 이유 역시 어느 누구도 항성의 연주시차를 관측하는 데 성공하지 못했기 때문이다. 이처럼 유럽의 천문학자들은 연주시차를 관측하기 위해 18세기 내내 갖은 노력을 다 했다.

제임스 브래들리 역시 처음에는 별의 연주시차를 관측하는 꿈을 갖고 있었다. 코페르니쿠스의 태양중심 체계에 따르면 지구는 1년을 주기로 태양 주위를 돈다. 그러면 지구 위에 선 관찰자는 멀리 있는 별에 대하여 가까운 별의 상대 위치가 주기적으로 변한다는 사실을 관찰할 수 있으며, 이때 별이 위치 이동하는 방향은 지구 궤도와 평행하다.

1725년 브래들리는 천문 애호가 윌리엄 몰리너^{William Molyneux}(1656~1698)와 손을 잡고, 몰리너의 개인 천문대에서 용자리의 γ^{감마}별 엘타닌^{Eltanin}('에타민'이라고도 부르며 실제로는 용자리에서 가장 밝은 별이다.)을 측정했다. 1년에 걸친 관측 끝에 그들은 엘타닌의 위치가 실제로 변화했음을 발견했다. 하지만 위치 이동의 방향이 그들이 예측했던 것보다 지나치게 작아서 실망할 수밖에 없었다.

브래들리와 몰리너가 선택한 엘타닌은 겉보기 등급이 2등급인 밝은 별이지만 지구로부터 거리는 108광년이나 된다. 이처럼 멀리 떨어진 별의 연주시차를 발견하기란 쉽지 않았다. 물론 두 사람은 이 사실을 전혀 알지 못했다.

광행차, 뜻밖의 발견

브래들리가 정밀한 관측으로 명성이 높았다는 사실을 생각해볼 때, 이 결과는 관측의 오차 때문에 생긴 것이 아니다. 그렇다면 엘타닌의 미세한 위치 변화는 도대체 무엇으로 설명한다는 말인가?

선원들이 항해 중에 위도를 측정하는 데 사용하는 기기

그는 오랫동안 이 문제를 고민했지만 해답을 얻지 못했다. 1728년 어느 날 템스 강에서 배의 노를 젓던 브래들리는 배 위에 꽂힌 깃발이 나부끼는 방향은 풍향뿐 아니라 배가 전진하는 방향에도 좌우된다는 사실을 발견했다. 이는 엘타닌의 위치 이동의 수수께끼를 밝혀줄 결정적인 단서였다. 그는 이 20″밖에 안 되는 미세한 위치 이동을 '광행차光行差(aberration)'라고 불렀다.

사실 광행차의 원리는 간단하다. 바람이 불지 않고 비가 내리는 날에는 우산을 조금 앞쪽으로 기울여야만 비를 맞지 않는다. 그때의 각도는 비가 내리는 속도와 사람이 걸어가는 속도에 의해서만 결정된다. 비록 매우 멀리 떨어진 빛에서 지구에 도달한 빛이지만 지구는 회전하고 있고 또 빛의 속도는 유한하기 때문에 망원경으로 보면 작은 각을 관찰할 수 있다. 이 각이 바로 1년 동안 별의 위치 이동이고, 이동 방향은 지구에서 태양으로 향하는 방향과 수직이다.

브래들리는 광행차의 크기를 이용하여 빛의 속도를 다시 계산했다. 덴마크 천문학자 올러 뢰머는 1676년 목성의 위성 이오¹⁰의 식蝕을 이용하여 빛의 속도를 추산한 적이 있는데, 브래들리가 광행차를 이용하여 빛의 속도를 새로 계산해 보니 뢰머가 얻은 값이 매우 정확하다는 사실을 알게 되었다. 광행차의 발견은 지구가 공전한다는 사실뿐 아니라 빛의 속도를 계산하는 또 하나의 방법도 제공한 것이다.

브래들리는 광행차를 관측하면서 '지구의 장동章動(nutation, 태양과 달의 인력 때문에 지구의 자전축이 짧은 주기로 진동하는 현상)' 현상도 추가로 발견했다. 그는 1732년, 달이

핼리혜성을 관측하는 데 사용된 지도

지구 곳곳에 미치는 인력이 불균형하여 지구의 자전축이 진동하는 것이 바로 지구의 장동이라고 설명했다. 브래들리는 지구의 장동 문제를 깊이 있게 연구하기 위해 항성 관측의 정밀도를 2″로 높였다. 하지만 항성의 연주시차는 여전히 측정할 수 없었다. 이는 항성이 매우 멀리 존재한다는 사실을 의미한다. 1748년 브래들리는 자신이 수년간 관측한 별에 관한 자료를 발표했고 아울러 광행차와 장동 현상도 체계적으로 분석했다. 영국 왕립학회는 이 공로를 높이 평가하여 그에게 코플리 메달Copley Medal(과학 업적에 대해 수여하는 가장 오래된 상으로 영국 왕립학회가 1731년 제정하여 해마다 수여함)을 수여했다.

1742년에 에드먼드 핼리에 이어 제3대 그리니치 천문대 대장이 된 브래들리에게는 손봐야 할 일이 산더미 같았다. 가장 시급한 것은 각종 설비를 새로 바꾸고 현대화하는 일이었다. 이어서 그는 성표 제작에 모든 힘을 쏟아 부었다. 그는 무려 6만 여 회의 관측을 실시했고 이를 성표로 엮은 뒤 1798년과 1805년에 두 권으로 나눠서 출판했다. 성표의 정밀도는 그의 이전 어느 시대 것보다 높았으며, 각각의 항성 또는 움직이는 시각 등을 기록한 값은 오늘날과 비교해도 커다란 참고 가치가 있다.

항성천문학의 아버지

1781년 태양계의 일곱 번째 행성인 천왕성이 발견되면서 태양계에 대한 인식 자체가 완전히 뒤바뀌었다. 그리고 천왕성을 발견한 윌리엄 허셜Sir Frederick William Herschel(1738~1822)의 명성도 올라가, 그는 천문학을 사랑하는 평범한 음악 연주자에서 일약 음악의 원리에 정통한 천문학자가 되었다. 그가 가장 공을 들여 큰 업적을 남긴 분야는 항성천문학이었다.

영국의 저명한 천문학자 윌리엄 허셜 초상

천왕성의 발견자

윌리엄 허셜은 독일 하노버(당시는 영국 영토였다)의 음악가 집안에서 태어났다. 7년 전쟁에 참전했다가 18세 때 탈주하여 영국 본토로 건너갔고, 그곳에서 음악적 재능을 발휘하여 겨우 굶주림의 고통에서 벗어날 수 있었다. 허셜은 자신의 사업을 위하

충衝일 때 화성의 모습

여, 무엇보다 망원경을 손수 제작하는 데 드는 막대한 비용을 감당하기 위해 애쓰다보니 50세가 되어서야 매우 부유하고 그의 연구를 적극 성원하는 과부 마리를 아내로 맞이했다. 그래서 외아들 존이 태어났을 때 그의 나이는 54세였다. 1821년에 영국 왕립천문학회가 출범했을 때 그는 사람들의 추대를 받아 초대 회장이 되었으며, 기사 작위도 받았다. 그는 1822년에 84세로 세상을 떠났는데 이 84년은 그가 발견한 천왕성의 공전주기와 일치한다는 사실이 흥미롭다.

허셜은 천문망원경 분야에서 누구보다도 큰 업적을 남겼으며 망원경을 가장 많이 제작한 천문학자이기도 하다. 그는 1773년부터 반세기 동안 손수 렌즈를 갈아 수많은 망원경을 만들었다. 이는 굉장히 지루하고 번거로운 육체노동이자 정신노동이었다. 무겁고 딱딱한 구리판을 갈아서 규격에 맞고 매우 매끄러운 오목렌즈로 만들어야 하며, 표면의 오차는 머리카락의 몇 분의 일이어야 했기 때문이다. 또 일단 시작하면 중간에는 멈출 수 없었으므로 얼마나 힘겨운 작업인지 짐작할 수 있다. 어떨 때는 10시간 이상을 꼬박 렌즈 가는 일에 몰두했으므로 여동생이 손수 음식을 먹여주어야 했다. 더구나 초반에는 무려 200여 차례나 실패를 거듭했고, 인내심이 한계에 달한 동생이 그를 떠나기도 했다. 허셜은 1774년에야 비로소 승리의 기쁨을 맛보았다. 그는 렌즈의 지름 15cm, 길이 2.1m인 반사망원경을 제작했고 이것을 이용하여 7년 뒤에 천왕성을 발견했다.

영국 왕 조지 3세의 전폭적인 지원을 받으며 3년 넘게 노력한 끝에, 허셜은 1789년 세계에서 가장 큰 망원경을 제작했다. 이 망원경은 경통의 지름이 1.5m로 어른 세 명이 팔을 벌려야 겨우 안을 수 있을 만큼 컸다. 경통의 길이는 12.2m로 거의 4층 높이이며 렌즈 무게만 2톤에 달했다. 마치 대포같이 생긴 이 거대한 망원경을 사용한 첫날 밤에 토성의 두 번째 위성 엔켈라두스Enceladus를 발견했고, 두 달 뒤에는 토성의 가장 안쪽 궤도를 도는 위성 미마스Mimas를 발견했다.

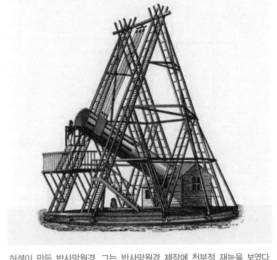

허셜이 만든 반사망원경. 그는 반사망원경 제작에 천부적 재능을 보였다. 음악 연주자였던 허셜은 천문학에 심취하여 1773년부터 렌즈를 직접 갈아 망원경을 만들었다. 평생 수백 개의 망원경을 만들었다. 그가 제작한 망원경은 경통 안에 비스듬하게 끼운 대물렌즈가 평행하게 들어온 빛을 반사시켜 경통의 한쪽에 모이게 하는 원리를 적용했다. 하지만 반사망원경은 장애 요소가 많았다. 먼저 렌즈에 사용되는 청동이 쉽게 부식되어 주기적으로 렌즈를 교체해야 했으므로 많은 시간과 돈이 들어갔다. 더구나 청동보다 부식이 잘 안 되는 금속은 청동보다 밀도가 크고 무척 비쌌다.

항성천문학의 아버지

은하계의 실제 모습을 연구한 최초의 천문학자 역시 허셜이었다. 그는 수십 년을 하루처럼 단조롭고 지루한 항성 계수計數작업을 1,083회나 반복했고 60만 개의 항성을 관측했다. 이를 통해 은하계의 존재를 증명했고 은하계의 형태와 구조, 크기를 밝혀냈다. 비록 당시의 여러 한계 때문에 그가 도출한 결론이 모두 정확한 것은 아니었지만 그는 틀림없는 '항성천문학의 대부'였고 은하계 연구를 본격적으로 시작한 선구자였다. 그가 기록한 성단과 성운은 2,500개가 넘었고 '행성상성운行星狀星雲(planetary nebula, 작은 망원경으로는 행성처럼 보이지만 실제는 태양계 바깥 먼 곳에서 팽창하는 형광성 가스 구름)'이라는 새로운 천체도 발견했다.

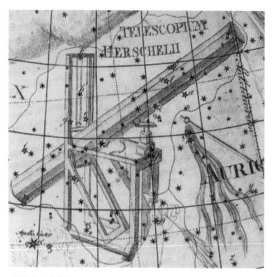

허셜이 그린 항성표

허셜은 항성의 운동을 관측하여 태양도 은하계 안에서 운동하고 있다는 사실을 발견했다. 즉, 태양은 그 '자손들'을 이끌고 초속 수천 km의 속도로 헤리클레스자리와 거문고자리 근처 방향을 향해 달리고 있었던 것이다. 그는 또한 태양이 적외선을 방출한다는 사실을 최초로 발견하여 적외선천문학 infrared astronomy(천체가 방출하는 적외선을 관측하여 천체를 연구하는 천문학)을 창시했다.

천문학자 가문

윌리엄 허셜의 가족은 천문학자 가문이라고 불러도 손색이 없다. 그의 여동생 캐롤라인 허셜Caroline Herschel(1750~1848) 역시 선구적인 여성으로 평생 독신으로 살면서 오빠를 50년이나 도왔다. 허셜의 많은 발견 가운데 일부는 캐롤라인의 공로였으며 그녀가 독자적으로 이룬 업적도 적지 않았다. 가령 성운 14개와 혜성 8개를 발견했고 성표를 수정하여 항성 561개를 추가했다. 그녀는 98세까지 장수하며 천문학에 크게 기여했다.

허셜의 외아들 존 허셜Sir John Frederick William Herschel(1st Baronet, 1792~1871)도 아버지의 뒤를 이어 천문학에 큰 업적을 남겼고 후에 영국 왕립천문학회의 창시자 가운데 한 명이 되었다. 그는 쌍성雙星(binary star, 서로 끌어당기며 공동의 무게중심 주위를 일정한 주기로 공전하는 두 항성) 3,347개와 성단과 성운 525개를 발견했고 남반구의 항성 68,948개를 기록했다. 1849년에 편찬한 《천문학 개요Outlines of Astronomy》는 당시 천문학의 결과를 집대성한 책으로 전 세계의 천문학 발전에 심대한 영향을 끼쳤다.

라플라스

라플라스의 초상

라플라스의 정리

　피에르-시몽 라플라스^{Pierre Simon Marquis de Laplace}(1749~1827)는 프랑스 노르망디의 보몽탕오주^{Beaumont-en-Auge}에서 가난한 농부의 아들로 태어났다. 어려서부터 탁월한 수학 재능을 보였던 라플라스는 18세 때 파리로 건너가 수학을 공부하겠다고 결심했다. 그는 추천서를 들고 당시 프랑스의 유명한 학자장 달랑베르^{Jean Le Rond d'Alembert}(1717~1783)를 찾아갔지만 문전박대를 당했다. 그러자 라플라스는 자신이 쓴 역학 분야의 논문 한 편을 달랑베르에게 보냈다. 뛰어난 논문을 보고 감탄한 달랑베르는 그의 대부^{代父}가 되었고 그를 사관학교 교수로 추천했다.

　라플라스는 23세인 1772년에 '행성의 평균운동의 불변성', 즉 두 행성 사이의 인력이 행성과 태양 사이의 평균거리에 대해 지속적이고 일방적인 변화를 일으킬 수 없다는 사실을 증명했다. 뉴턴이 보완한 케플러 제3법칙에 비춰본다면, 이는 두 행성 사이의 인력이 행성의 운행주기를 일방적으로 변화시킬 수 없다는 의미다. 라플라스는 이 사실을 토대로 목성의 속도가 빨라지고 토성의 속도가 느려지는 현상은 두 행성 사이의 인력 때문이 아니라는 결론을 얻었다. 그는 이 이상한 현상이 목성과 토성, 그리고 혜성이 상호작용한 결과라고 생각했다.

천체역학의 창시자

라플라스는 천체역학天體力學과 항성진화stellar evolution 이론을 정립한 사람 중 하나로 1773년에 프랑스 과학원의 회원에 뽑힌 직후부터 천문학의 여러 이론 연구에 몰두했다. 특히 이전 천문학자들이 남긴 연구 성과를 토대로 많은 중요한 성과를 냈고, 이를 1799~1825년에 명저 《천체역학 개론Traitéde mécanique céleste》(전5권)으로 출판했다. 이 저서는 천체역학의 대표작으로 '천체역학'이란 용어도 그가 이 책에서 최초로 사용했다.

행성의 성운기원설

1796년에 출판한 《우주의 체계에 대한 해설Exposition du système du monde》에서, 라플라스는 태양계의 기원과 관련한 '성운설'을 제기했다. 그는 태양계가 회전하는 원시 성운에서 생겼으며, 인력을 받아 수축된 성운에서 고리 형태의 물질이 한 층씩 떨어져 나왔고, 이것이 냉각되고 응축되어 각각의 행성이 되었다고 주장했다. 그는 이 이론에 따라 가장 바깥쪽 행성의 나이가 가장 많고 지구와

프랑스의 박학다식형 천재 학자 장 달랑베르. 그는 라플라스의 학문적 스승이었다.

같이 태양 가까운 궤도를 도는 행성은 상대적으로 젊으며, 성운의 중심 부분의 물질은 태양이 되었다고 말했다.

사실 행성의 성운기원설은 라플라스에 앞서 독일의 철학자 임마누엘 칸트가 1755년에 먼저 제기했다. 다만, 칸트가 철학적 관점에서 이를 주장했다면, 라플라스는 수학과 역학에 토대를 두었다는 차이점이 있다. 두 사람이 독자적으로 제시한

이 학설은 상호 보완적이고 내용이 더 충실해졌기 때문에 후대 사람은 이를 '칸트-라플라스 성운기원설'이라고 불렀다. 그리고 성운설은 19세기 중반까지 폭넓게 받아들여졌다. 하지만 이 이론이 수학적으로 치명적인 결함이 있다는 사실이 알려지면서 곧 폐기되고 말았다.

블랙홀black hole(매우 무거운

피에르-시몽 라플라스는 18세기 유럽에서 가장 뛰어난 천문 기기 제작자였다. 그 비결은 매우 정밀한 눈금을 그릴 수 있었기 때문이다.

별이 진화의 마지막 단계에서 붕괴한 뒤 엄청난 흡인력을 갖게 된 천체로, 주변의 모든 물질을 빨아들인다)과 같이 이론적으로는 존재하지만 지금까지 발견되지 않은 천체를 최초로 예언한 사람 역시 라플라스로 알려져 있다. 그는 1789년에 뉴턴의 만유인력 이론에 토대를 두고 우주 공간에는 오늘날 블랙홀이라고 부르는 천체가 존재할 수 있다고 주장했다.

라플라스의 악마

라플라스는 1795년에 어떤 글에서 다음과 같이 썼다.

"만약 어떤 현자賢者가 언제 어디서나 대자연의 운동을 일으키는 모든 힘을 볼 수 있고 대자연을 구성하는 모든 물질의 위치를 결정할 수 있다면, 그가 해박한 지식과 충분한 능력을 갖추었고 이 지식을 이용하여 분석하고 처리할 수 있다면, 그는 가장 큰 물체의 운동과 가장 가벼운 원자의 운동을 동일한 하나의 공식으로 표현할 수 있을 것이다. 그렇다면 그는 이 우주 공간에 있는 모든 물질을 표현할 수 있으며 과거와 현재, 미래는 일목요연할 것이다."

1812년, 라플라스는 《확률해석론Théorie analytique des probabilités》에서도 비슷한 말을 했다.

"현재 세계의 모습은 과거 세계의 결과이며, 또 미래 세계의 원인이라고 할 수 있다. 만약 이 세계가 창조될 때 영원히 지치지 않고 더할 나위 없이 부지런한 수학자가 있었다면 그는 아주 미세한 부분이라도 일일이 기록했을 것이다. 그렇다면 그 수학자는 이 세계의 과거와 미래를 예측할 수 있을 것이다."

훗날 사람들은 라플라스가 말한 '현자', '수학자'를 '라플라스의 악마'Démon de

라플라스 조각상

Laplace(또는 '라플라스의 정령)라고 불렸다. 만약 우리가 이 정령精靈의 초월적 능력을 한 마디로 표현한다면 '우주 공간의 모든 물체의 운동을 뉴턴의 공식으로 계산할 수 있다.'고 할 수 있을 것이다. 우주 공간의 별의 운동이든 지구 위에서 기어다니는 개

친구들과 철학을 논하고 있는 독일의 저명한 철학자 임마누엘 칸트(왼쪽에서 세 번째)

미 한 마리든, 나비의 날개 짓이든, 그는 방대한 계산을 통해 이 물체들의 운동 모습을 모두 예측할 수 있을지도 모른다. 결국 이 정령은 뉴턴의 이론을 무한한 우주로, 더 나아가 극치의 상태로 확대할 수 있으며, 그는 심지어 조물주 하느님의 의도마저 표현하고 만물의 운명을 예측할 수도 있다. 이는 마치 칸트의 "나에게 물질과 운동을 달라. 그러면 우주를 만들어 보이겠다."고 한 말을 연상시킨다.

하지만 상대성이론과 양자역학이 발전하면서 사람들은 입자의 운동을 정밀하게 예측하는 것은 불가능하며, 어떤 행동이 나타날 확률만을 알 수 있음을 알게 되었다. 예를 들어 방 안에 있는 고양이 한 마리를 대상으로 실험을 한다고 하자. 우리는 실험이 끝나고 관찰하면 이 고양이가 죽었는지 살았는지 알 수 있다. 그러나 관찰하기 전까지는 이 고양이가 죽었는지 살았는지 정확히 아는 것은 매우 어렵다. 바꿔 말하면 양자물리학의 관점에서 보면 이 세계는 결코 확정적이지 않다.

제6장

19세기의 천문학

19세기는 이성(理性)의 시대로 과학이 급속도로
발전했으며, 뉴턴의 이론을 검증하고 또 이를 기반으로
과학을 발전시키는 것이 19세기 천문학의 주요
흐름이었다.
또 유럽뿐 아니라 미국의 천문학도 점차 학술계의
주류로 편입되었다. 그 결과 20세기에는 미국의
천문학이 전 세계 과학의 최전방에 우뚝 설 수 있었다.

천체 측량

별은 지구로부터 얼마나 멀리 떨어져 있을까? 이 문제는 18세기에도 여전히 전 세계 천문학자를 괴롭혔으며, 1830년대가 되어서야 독일의 천문학자 베셀Friedrich Wilhelm Bessel(1784~1846) 등이 해결했다.

독일의 천문학자 베셀은 관측에 뛰어난 재능을 보였으며 천체관측학을 창시했다. 특히 항성의 거리를 측정하는 데 크게 기여했다.

별의 거리를 측정하다

천체관측학의 창시자인 베셀은 항성의 거리를 측정하는 데 크게 기여했다. 그는 1834년 9월부터 백조자리 61번 별61 Cygni의 위치를 관측하고 거리를 구했다. 그러나 뒤이어 많은 일이 겹치면서 이 일을 잠시 중단해야 했다. 가령 베를린 천문대에서 정확한 시간을 나타낼 수 있는 시계추의 길이를 연구했고, 1835년에는 오랜 여정 끝에 지구 근처로 되돌아오는 핼리혜성을 관측했으며, 위도 1°의

베셀과 그의 가족

길이를 정확히 측량하고 계산하는 일 등을 수행했다. 그 후 1837~1838년 사이에 그는 집중적으로 백조자리 61번 별을 관측하여 이 별의 연주시차가 0.3136″이며, 지구에서 약 10.3광년 떨어져 있음을 밝혀냈다. 현재 사용하고 있는 백조자리 61번 별의 공식적인 연주시차는 0.294″이며, 거리는 11광년보다 조금 더 멀다. 이 값과 베셀이 구한 값의 차이는 1광년도 채 되지 않으며 이는 베셀의 관측과 계산이 얼마나 정밀한지 잘 보여준다. 또 백조자리 61번은 안시쌍성眼視雙星(visual binary)으로 두 별이 공통의 무게중심 주위를 서로 돌고 있는데 이 사실을 처음으로 밝힌 천문학자가 바로 베셀이다. 그는 이 쌍성의 공전주기를 540여 년으로 계산했는데, 이는 오늘날 사용하는 700년과 비교할 때 큰 차이가 없다.

이 기간 동안 두 항성의 거리가 추가로 계산되었다. 하나는 남반구에서 보이는 센타우루스자리의 α별ᵅ Centauri(지구에서 4.37광년 떨어져 있고 '프록시마'라는 별과 쌍성을 이루고 있다. 프록시마는 4.22광년으로 지구에서 가장 가까운 별로 알려져 있다.)로 영국 천문학자가 남아프리카에서 계산했고, 또 하나는 거문고자리의 α별 베가ª Lyrae(직녀성織女星이라고도 한다.)로 러시아 천문학자가 에스토니아에서 거리를 계산했다. 그러나 베셀은 자신의 관측 결과를 이들보다 먼저 발표했기 때문에 이 두 별의 거리를 최초로 측정한 영예는 베셀에게 돌아갔다.

천재는 단명短命한다

베셀은 1844년에 큰개자리의 α별 시리우스와 작은개자리의 α별 프로시온의 움직임이 불규칙하다는 사실을 발견했는데, 그 이유가 이들이 어두운 동반성을 갖고 있기 때문이라고 추측했다. 이후 관측을 통해 그의 추측은 사실로 입증되었다. 실제로 시리우스와 프로시온의 동반성은 백색왜성白色矮星(white dwarf, 항성 진화의 마지막 단계인 별로 질량은 크지만 크기는 작아서 고도로 압축된 별이다. 처음 발견된 백색왜성이 흰색이었으므로 이런 이름이 붙었다.)이었다. 베셀은 천왕성의 운동을 깊이 있게 연구했으며 해왕성의 위치도 충분히 밝혀낼 수 있는 뛰어난 천문학자였다. 하지만 안타깝게도 해왕성이 발견되기 6개월 전, 쾨니히스베르크에서 세상을 떠났다.

베셀은 수학, 천문학 분야에서 큰 업적을 남겼다. 그는 목성의 질량을 측정했고 일식과 혜성의 이론을 크게 발전시켰다. 또한 지구의 모양이 구가 아닌 타원체라는 이론도 제시했다. 성표 제작 분야에서도 기여했는데, 그는 '브래들리 성표'를 수정 보완했고, 밝기가 9등성까지인 별 7만 5,000개를 수록한 성표를 발표했다. 후대 학자들이 베셀의 이 성표를 보강하여 'BD목록Bonner Durchmusterung('본 성표', 본 소천 성표라고도 함)'으로 출판했다.

그를 이끌어준 스승 올베르스Heinrich Wilhelm Olbers(1758~1840)는 베셀이 백조자리 61번 별의 거리를 계산한 것을 두고 "우주에 관한 우리의 생각을 과학의 토대 위에 올려놓았다."라며 극찬했다. 또한 자신이 과학 발전에 기여한 가장 큰 공로는 천재 베셀의 능력을 알아채고 그를 추천한 것이었다고 말했다. 이는 베셀에 대한 최고의 찬사였다.

우주 스펙트럼 연구

프라운호퍼선(線)

태양 광선의 스펙트럼을 최초로 찾아낸 사람은 뉴턴이지만, 이를 체계적으로 연구한 선구자는 프라운호퍼Joseph von Fraunhofer(1787~1826)였다.

독일의 천문학자 프라운호퍼 초상

프라운호퍼가 일생 동안 남긴 가장 화려한 업적은 사람들이 매우 감탄스러워하는 굴절망원경이 아니라, 천체의 스펙트럼을 관찰할 수 있는 망원경을 발명했다는 점이다. 그는 렌즈를 갈아서 망원경을 만드는 과정에 빛의 다양한 굴절 및 각종 유리의 굴절에 관한 특성에 주목했다. 그리고 1814년에 뉴턴의 분광分光 실험을 반복해서 연구한 후에, 천체의 스펙트럼을 관측할 수 있는 망원경을 개발하는 데 성공했으며 이를 '분광기分光器(spectroscope)'라고 불렀다.

분광기에는 작은 망원경 이외에 슬릿slit(빛이 들어오는 가늘고 긴 구멍)과 하나의 프리즘, 빛의 굴절각을 정확히 측정하는 장치가 달려있는데, 이때 작은 망원경은 천체에서 오는 빛을 슬릿에 모으는 역할을 한다.

프라운호퍼는 분광기를 이용하여 천연색이 연이어 있는 태양 스펙트럼에서 굵기와 분포가 제각각인 수많은 어두운 선을 발견했으며, 수년에 걸친 관찰 결과 이러한 암선暗線 570여 개를 찾아냈다. 그는 각기 다른 알파벳을 부여하여 이 암선을 구분했고 이들의 위치도 자세히 기록했다.

프라운호퍼는 자신이 만든 분광기를 가지고 별의 스펙트럼을 연구한 최초의 천문학자로 항성의 스펙트럼이 서로 다르다는 사실을 발견했다. 어떤 별의 스펙트럼은 태양과 비슷했지만 또 어떤 별은 태양과 완전히 달랐다. 이처럼 우주 공간은 마치 쉽게 파악할 수 없는 '글자 없는 책'과 같았다.

당시 그는 자신이 발견한 내용을 정확히 설명하지 못했고, 이 발견이 가지는 의미 또한 명확히 인식하지 못했다. 그 후 또 다른 독일의 천문학자 키르히호프Gustav Robert Kirchhoff(1824~1887)와 화학자 분젠Robert Wilhelm Bunsen(1811~1899)이 '스펙트럼 분석법'을 개발한 이후에야 태양 스펙트럼에서 어두운 선의 비밀이 풀렸다. 이는 어떤 물체의 스펙트럼에 특정한 선線이 나타나면 어떤 원소가 포함되어 있는지 알아낼 수 있고, 이를 통해 관련 지식을 얻고 결론을 내릴 수 있는 분석 방법이다.

프라운호퍼가 연구 제작한 분광기

이밖에 프라운호퍼는 달과 일부 행성의 스펙트럼을 연구한 결과 이들 천체의 스펙트럼에 나타나는 어두운 선의 위치가 태양과 일치한다는 점을 발견했다. 즉, 달과 행성이 모두 태양의 빛을 반사하여 밝게 빛난다는 사실을 재확인한 것이다.

안타깝게도 프라운호퍼는 1825년에 당시에는 불치병으로 알려진 폐결핵에 걸려, 다음해 겨우 39세의 나이로 세상을 떠났다. 요절하지 않았다면 그는 과학의 발전에 더욱 크게 기여하지 않았을까?

이탈리아의 천문학자이자 신부인 안젤로 세키의 초상

천체 스펙트럼 연구의 창시자

천체 스펙트럼 연구의 창시자라는 영예는 이탈리아의 안젤로 세키Angelo Secchi(1818~1878)와 영국의 윌리엄 허긴스 두 천문학자에게 돌아가야 할 것이다.

안젤로 세키는 신부이자 전문 천문학자로 로마 대학 천문학과 교수이자 천문대 대장을 역임했다. 또 4,000여 개의 항성 스펙트럼을 연구했고 이를 분류하는 일도 시도했다.

윌리엄 허긴스William Huggins(1824~1910)는 키르히호프와 분젠이 사용했던 방법을 항성 연구에 적용했다. 이 연구를 위해 허긴스는 화학자인 윌리엄 밀러William Allen Miller(1817~1870) 그리고 친구들과 함께 분광기를 만들었고 이를 자신이 제작한 구경 20cm 굴절망원경에 장착했다.

그들은 이 분광기를 이용하여 베텔규스, 알데바란 등 붉은 색 별과, 훗날 관측한 다른 별의 스펙트럼에서 태양과 비슷한 수많은 어두운 선을 발견하여 이를 학계에 보고했다. 그들은 또한 항성의 스펙트럼에서 수소, 칼슘, 철과 같이 우리에게 익숙한 원소를 찾아냈으며, 항성의 스펙트럼이 결코 한 가지 유형이 아니라 매우 다양하다는 사실을 밝혀냈다. 허긴스는 그 이유가 항성 표면 온도가 각기 다르기 때문이라고 설명했다.

이후 밀러가 자신의 본업인 화학 연구로 돌아갔기 때문에 허긴스는 혼자서 연구를 계속해야 했다. 다행히 허긴스의 결혼 생활은 매우 원만했다. 그의 부인은 남편의 일을 잘 도왔고 나중에는 스스로도 훌륭한 스펙트럼 학자가 되었다.

허긴스는 분광기로 성운의 스펙트럼을 연구하여 성운이 기체물질로 이루어졌다는 사실을 최초로 발견하기도 했다. 행성의 스펙트럼은 태양과 비교적 닮았는데 이는 행성이 태양빛을 반사하여 밝게 빛나 보인다는 것을 의미한다. 그는 1866년 북쪽 왕관자리에 나타난 신성新星(nova)의 스펙트럼을 연구하여, 신성에서 발산한 기체 껍질外皮(outer shell)의 온도가 항성 표면의 온도보다 높다는 사실을 발견했다. 또한 1866~1868년에 나타난 세 혜성의 스펙트럼을 연구하여 혜성은 행성처럼 태양빛을 반사하는 대신 스스로 빛을 낸다는 사실을 발견했다.

1868년 허긴스는 큰개자리의 α별인 시리우스의

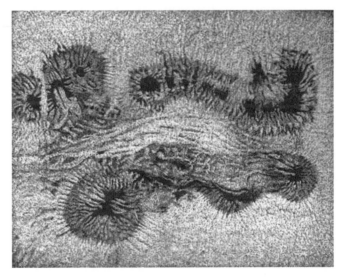

안젤로 세키가 그린 항성의 스펙트럼

스펙트럼이 빨간색 쪽으로 조금 이동하는 현상에 주목했고, 유명한 도플러 효과^{Doppler effect}(오스트리아의 물리학자 도플러가 1842년에 발견한 현상. 파동을 일으키는 파원^{波源}이 관측자로부터 멀어지면 주파수가 낮아지고 거리가 가까워지면 주파수가 높아지는 현상)에 따라 시리우스가 지구로부터 멀어지고 있다고 결론 내렸다. 항성의 겉보기운동 속도, 즉 스펙트럼을 통해 어떤 천체가 관측자로부터 멀어지거나 가까워지는 속도를 측정하는 일은 은하계의 구조를 연구하는 데 매우 중요하다.

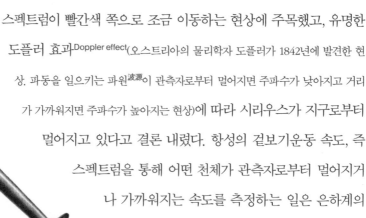

월리엄 허긴스가 사용했던 굴절망원경

엔젤로 세키가 수많은 항성의 스펙트럼을 분석하여 규칙을 찾아냈던 것과 달리, 허긴스는 비교적 적은 수의 항성에 집중하되 각 항성의 스펙트럼을 상세하게 연구하고 특징을 구별하는 방법을 사용했다. 또한 최신 촬영 기술을 자신의 연구에 활용하는 것도 잊지 않았다. 허긴스는 촬영 기법을 항성분광학 연구에 접목한 선구자의 한 사람이다.

스트루베 가문

쌍성에 대한 체계적인 연구는 영국의 천문학자 윌리엄 허셜에 와서야 본격적으로 시작되었다. 가령 그가 편찬한 한 쌍성표에 등장하는 쌍성의 90%는 자신이 직접 발견한 것이다. 하지만 쌍성을 정밀하게 관측하고 연구한 천문학자는 러시아의 저명한 천문학자 프리드리히 스트루베Friedrich Georg Wilhelm von Struve(1793~1864)였다.

천문학자 가문인 스트루베 일가의 가족 사진

프리드리히 스트루베

스트루베는 1820년대에 천구 북극(+90°)에서 적위 남쪽 15°(-15°) 사이에 위치한 항성 12만 개를 관측한 결과 수많은 쌍성과 다중성多重星(nuttiple star, 지구에서 보았을 때 세 개 이상의 별이 모여 있는 항성계. 상호 간 중력에 의해 서로 공전하는 경우도 있고 지구에서

러시아의 저명한 천문학자 스트루베의 초상

봤을 때 우연히 모여 있는 것처럼 보이는 경우도 있다.)을 발견했다. 그는 1827년에 발표한 자신의 대표 저서인 《신新 쌍성 목록》에 쌍성과 다중성 3,112쌍의 데이터를 수록했다. 또한 이 시기에 쌍성을 이루는 두 별은 공통의 질량중심 주위를 공전한다는 점과 항성도 스스로 움직인다는 점을 발견했으며, 은하계의 자전과 은하계의 구조 등을 연구했다.

스트루베는 정밀한 천체 관측에 남다른 재능을 보였으므로 얼마 후 항성의 연주시차와 항성의 거리를 측정하는 일에 몰두했다. 그 결과 1837년에 거문고자리의 베가(직녀성)의 연주시차가 0.125″라는 사실을 발견했고, 1840년에는 새롭게 측정하여 현재 사용하는 0.121″에 더 근접한 측정값을 발표했다. 그는 베셀보다 늦게 태어났지만 천문학 역사에 항성 거리 측정의 선구자로 기록되는 데에는 아무런 문제가 없었다. 스트루베는 러시아 천문관측학 및 항성천문학의 창시자이며 풀코보 천문대Pulkovo Observatory 건설을 총지휘했다. 그리고 천문대가 건설되자 초대 대장에 취임하여 세상을 떠나기 2년 전까지 직무에 전념했다.

천문학자 왕조

오토 스트루베Otto Wilhelm von Struve(1819~1905)는 프리드리히 스트루베의 아들로, 아버지에 이어 풀코보 천문대의 제2대 천문대장이 되어 1889년까지 직무

를 수행했다. 관측에 능했던 오토는 아버지의 뜻
을 이어받아 쌍성 연구에 크게 기여했으며, 쌍성
500여 개를 발견했고 일부 항성의 연주시차를 측
정했다.

오토 스트루베의 두 아들 칼 스트루베^{Karl Herman}

Struve(1854~1920)와 구스타프 스트루베^{Gustav Wilhelm Ludwig}

Struve(1858~1920) 또한 유명한 천문학자로 쌍성 관측에 정
통했다. 형인 칼은 위성 연구에도 노력했으며, 1895년
에 아버지 오토 스트루베와 함께 독일로 건너가 정착
한 뒤 1904년에 베를린 천문대 대장이 되었다. 동생 구
스타프는 1897년부터 러시아 카르키프^{Kharkiv} 대학 교
수 겸 천문대장을 역임했으며 천문학 통계 작업과
태양 연구에 크게 기여했다.

이 두 형제에게는 아들이 하나씩 있었는데 그들
역시 천문학에 종사했다. 칼 스트루베의 아들 존
스트루베는 독일 천문학자로 토성과 토성의 고리, 토

스트루베가 사용했던 굴절망원경

성의 위성 관측과 연구 등 주로 태양계 내의 천체 연구에 주력했다. 구스타프 스
트루베의 아들 오토 스트루베^{Otto Struve}(1897~1963)는 20세기 최고의 천체물리학자 가
운데 한 사람이다. 그는 1919년 카르키프 대학을 졸업한 뒤 2년 후 미국으로 이주
했으며 1927년 미국 시민권을 취득했다.

오토 스트루베는 젊은 시절에 분광쌍성^{分光雙星}(망원경으로는 구별이 안 되지만 스펙트럼
을 통해 구별이 가능한 쌍성)을 관측하고 연구했으며, 쌍성 수백 개의 질량과 궤도 등

을 측정했다. 또 근접쌍성close binary star(두 별이 매우 가깝게 붙어있는 쌍성) 연구의 권위자이기도 하다. 그는 항성이 자전한다는 사실을 최초로 발견한 천문학자 가운데 하나이며, 수많은 항성의 자전속도를 측정했다. 1938년에는 기체와 먼지로 이루어진 성간구름星間雲(interstellar cloud, 우리 은하계 내부 또는 바깥의 성운에서 볼 수 있는 가스, 플라즈마, 우주먼지 등 각종 성간물질의 집합체)을 발견하기도 했다.

오토 스트루베는 뛰어난 천문학자이면서 한편으로는 훌륭한 지도자이기도 했다. 그는 미국의 여키스 천문대, 맥도널드 천문대, 로이쉬너 천문대, 미국국립전파천문대의 대장을 차례로 역임했으며, 미국과학한림원National Academy of Sciences 원장, 국제천문학연맹International Astronomical Union의 부회장 및 회장도 맡았다. 뿐만 아니라 쉽게 풀어쓴 천문학 서적을 발표하여 큰 인기를 얻었으며 천문학의 보급에도 앞장섰다.

프리드리히 스트루베에서 오토 스트루베에 이르기까지, 스트루베 가문은 4대에 걸쳐 총 6명의 천문학자를 배출했다. 이들은 천문학 발전에 크게 기여했고, 그 중 4명은 영국 왕립천문학회Royal Astronomical Society의 '골드 메달Gold Medal(왕립천문학회가 천문학에 크게 기여한 학자에게 수여하는 메달. 1824년부터 해마다 수여하고 있음)'을 수상했다.

천체 사진술의 등장

달 표면 지도 제작

당시 상황에서 상세한 달 표면의 지도를 그리는 일은 결코 쉽지 않았다. 그러나 기초 작업은 이미 시작되었다. 독일의 천문학자 요한 슈뢰터 Johann Hieronymus Schröter와 그의 두 고향 사람인 빌헬름 베어 Wilhelm Beer(1797~1850)와 요한 매들러 Johann Heinrich von Mädler(1794~1874)는 이 분야를 대표하는 학자들이다.

베어는 원래 잘 나가는 은행가로 천문학에 심취해 있었다. 그는 당시 교사였던 매들러를 만나 서로 경험과 지식을 나눴고, 두 사람은 곧 둘도 없는 절친한 파트너가 되었다. 베어는 곧이어 개인 천문대를 세웠는데 주요 장비는 프라운호퍼가 그를 위해 만들어준 구경 9.5cm 굴절망원경이었다. 의기투합한 두 사람은 화성과 달 표면의 지도를 제작하는 일에 모든 노력을 쏟아 부었다. 그

독일의 천문학자 빌헬름 베어. 그는 최초의 월면도를 제작했다.

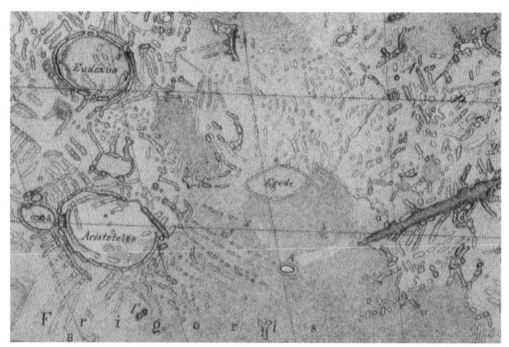

빌헬름 베어가 그린 월면도(일부)

들은 화성 표면의 세세한 부분을 기록했고, 무엇보다 달 표면을 연구하는 데 탁월한 재능을 보였다.

그들은 비록 구경이 작은 소형 굴절망원경을 사용했지만 세밀한 관측과 끈기 있는 노력을 통해 당시로서는 최고 수준의 달 표면 지도^{Mappa Selenographica}를 제작했다.

그 무렵 천체 촬영은 아직 초창기 수준에 머물렀으므로 두 사람은 월면도 제작에 이 기술을 활용할 수 없었다. 그래서 그들은 맑고 달이 뜬 밤이면 어김없이 망원경을 들고 밤을 세워가며 달 표면을 관측하고, 이를 지도로 그린 뒤 재차 확인하는 작업을 반복했다. 이렇게 10년을 노력한 끝에 오늘날의 월면도에도 뒤지지 않는 걸작을 완성했다. 뿐만 아니라 《월면도》라는 책을 발표하여 그들이 관측한 달 표면의 세세한 부분을 설명했다.

　월면도 제작과 더불어 베어와 매들러는 달 표면 지형에 붙인 이름을 다시 심의했다. 그래서 과거 이탈리아의 천문학자 리치올리가 붙인 이름은 가급적 그대로 유지하고, 필요한 부분은 보완하거나 수정했다. 그들은 달의 산맥이 만드는 그림자의 길이를 측정하여 높이를 추산했는데, 그 값은 상당히 정확했다. 하지만 그들이 발표한 책과 월면도는 상당 기간 동안 다른 천문학자들의 달 관측과 연구를 '방해'했다. 왜냐하면 달은 큰 변화가 발생하지 않는 천체로 인식되었기 때문에, 사람들은 베어와 매들러가 상세한 지도를 제작한 이상 달을 관측하고 지도를 제작하는 일은 무의미

요한 매들러의 초상

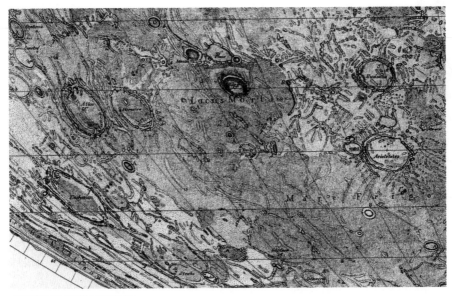

요한 매들러가 제작한 달 표면 지도

하다고 생각했기 때문이다.

그러나 우주론 연구에 몰두하고 있던 매들러는 1866년 아주 우연한 사건 때문에 다시 달 연구로 방향을 돌리게 되었다. 그 해 그리스의 천문학자 율리우스 슈미트는 베어와 매들러가 지도에 그린 '린네Linne 구덩이'가 사라지고 작은 흰색 점만 남았다고 발표했다. 이 소식은 천문학계를 크게 뒤흔들었다. 매들러는 이곳을 자세히 연구한 뒤, 그가 1868년에 보았던 린네 구덩이는 자신이 기억하는 1843년의 모양과 완전히 일치한다고 반박했다.

독일의 천문학자 막스 볼프의 초상

소행성 '사냥'

1880년대 이전까지 모든 소행성은 '사람의 눈'으로 발견했다. 즉, 관측자가 망원경 렌즈 안에 보이는 모든 별을 사전에 준비한 성도와 하나하나 꼼꼼히 비교한 뒤, 성도에 없는 '손님'을 찾아내는 방식이었다. 별 사이를 천천히 움직이는 이 '손님'만이 소행성이 될 자격이 있으므로 그들은 수많은 별의 움직임을 자세히 관찰해야 했다. 이렇게 일정 시간 동안 고정된 위치에서 관찰한 뒤 천체역학을 적용하여 이 천체의 궤도를 구하면 비로소 소행성으로 확인되는 것이다.

이처럼 눈으로 소행성을 발견하는 일은 매우 힘겹고 세밀함이 필요한 작업이다. 더구나 비교적 밝은 소행성이 발견된 후에 어두운 소행성을 같은 방법으로 찾

막스 볼프가 발견한 북아메리카 성운North America Nebula

아내는 일은 더욱 어려워졌다. 이런 상황에서 천체사진술은 눈으로 직접 발견하는 기존 방법을 점차 대신해나갔으며 이 분야를 개척한 사람이 바로 독일의 천문학자 막스 볼프Max Wolf(1863~1932)였다. 가령 그는 1909~1910년에 지구 근처로 되돌아온 핼리혜성 또한 사진술로 가장 먼저 발견했는데, 당시 핼리혜성의 밝기는 16등급으로 어두운 점에 불과했다.

볼프의 주요 업적은 소행성 연구였다. 1891년 12월 20일, 그는 발명된 지 얼마 안 된 사진술을 소행성 탐사에 응용했다. 그는 망원경의 대물렌즈를 빼고 플레이트 홀더plate holder(필름을 카메라에 끼울 때 빛을 가리기 위해 사용하는 통)를 끼운 뒤 그 위에 덮은 덮개를 열었다. 그리고 필름을 장시간 노출시키면서 해당 별을 따라 한두 시간 가량 망원경을 움직였다. 항성은 망원경 안에서 상대적인 움직임이 거의 없으므로 필름에는 여전히 점으로만 찍힌다. 그러나 만약 망원경으로 바라본 곳에 소행성이 있다면 이들의 움직임은 필름에서 짧은 흔적으로 나타날 것이다. 왜냐하면 소행성은 별보다 겉보기 이동 속도가 빠르고 운동방향도 완전히 다르기 때문이다. 볼프의 예상은 적중했다. 그는 첫날밤에 소행성 323호를 발견했는데, 이는 사진술을 이용하여 발견한 최초의 소행성이다. 볼프는 이후 수십 년에 걸쳐 총 232개의 소행성을 찾아냈다.

볼프의 사진술은 소행성을 찾아내는 데 획기적인 방법이지만 완벽하지는 않았다. 망원경이 항성을 따라 일주운동을 하는데(간단히 말하면 우리가 보는 항성이 날이 어두워지면 동쪽에서 뜨고, 해가 뜨면 서쪽에서 지는 겉보기운동), 이렇게 하면 사진술의 또 다른 장점인 집광集光 능력이 소행성을 발견하는 데는 제대로 발휘되지 못한다. 집광이란 카메라의 필름이 받아들인 빛을 모으는 것을 말한다. 가령 렌즈 지름이 5m인 미국의 초대형 망원경을 사용한다고 할 때, 맨눈으로 볼 수 있는 가장 어두운 별은 21등급이지만 사진을 장시간 노출시키면 23등급 별까지 촬영할 수 있다(참고로 별의 등급이 1등급 내려가면 밝기는 2.5배씩 커진다). 소행성은 항성에 상대적으로 운동하므로 어두운 소행성을 발견하는 데는 볼프의 방식이 쓸모없게 된다.

좀 더 어두운 소행성을 찾기 위해, 미국의 천문학자 조엘 메트캐프Joel Hastings Metcalf(1866~1925)는 20세기 초에 볼프의 방식을 혁신적으로 개선했다. 그는 탐사하려는 구역에 망원경을 조준한 뒤, 망원경을 소행성의 운동 속도로 이동시켰다. 이렇게 장시간 노출하면 필름에는 항성이 짧은 선으로 바뀌고(노출시간이 길면 이 선도 길어진다), 소행성은 거꾸로 점으로 보인다. 이런 방식은 번거로운데다 관측자가 풍부한 경험이 있어야 했지만, 이를 통해 볼프의 방식으로 발견할 수 없었던 어두운 소행성을 찾아낼 수 있었다.

해왕성의 발견

미지의 수수께끼

1781년 영국의 천문학자 윌리엄 허셜이 천왕성을 발견한 이후, 과학자들은 천왕성의 운행 궤도를 연구하기 시작했다. 그런데 이 과정에 천왕성의 실제 궤도가 계산 결과와 다르다는 사실이 밝혀졌다. 그래서 사람들은 천왕성 밖에 또 다른 행성이 있어서 천왕성을 당기고 있으며, 이 인력 때문에 천왕성의 운행 궤도와 예측 값에 차이가 난다고 생각했다. 그렇다면 아직 발견되지 않은 이 새로운 행성은 도대체 어디에 있을까?

이 점에 관하여 당시 천문학계는 서로 다른 두 가지 견해로 나뉘어졌다. 하나는 행성의 위치를 계산하는 만유인력의 법칙 자체가 의심스럽다는 견해였다. 또 하나는 천왕성의 궤도 바깥에 아직 발견

프랑스 천문학자 르 베리에
그는 해왕성 발견으로 유명해졌다.

되지 않은 미지의 행성이 있고, 이 행성이 섭동攝動(perturbation, 태양계에서 어떤 천체가 다른 행성의 인력의 영향을 받아 궤도가 변형되는 현상)을 일으켜 천왕성의 운행에 영향을 주었다는 주장이었다.

치밀하고 꼼꼼한 프랑스의 천문학자 르 베리에Urbain-Jean-Joseph Le Verrier(1811~1877)는 1845년에 이 소식을 듣고, 기존의 관측 결과를 꼼꼼하게 연구하고 분석했다. 그리고 수많은 관측을 통해 얻은 데이터를 토대로 9가지 조건 방정식을 세웠다. 그리고 최소제곱법the method of least squares을 이용하여 1846년 8월 31일, 이 미지의 행성의 궤도 계수와 질량, 나타날 만한 위치 등을 계산했다.

예언이 적중하다

9월 18일, 르 베리에는 계산 결과를 독일 베를린 천문대의 갈레 Johann Gottfried Galle(1812~1910)에게 보냈다. 1846년 9월 23일, 갈레가 르 베리에가 말한 위치에 망원경을 가리켰더니 그곳에 정말로 새로운 행성이 있었다. 이틀에 걸친 관측 결과, 9월 25일 갈레는 흥분에 가득 찬, 그러나 명확한 언어로 그에게 편지를 썼다.

"르 베리에 씨, 당신이 저희에게 알려준 위치에 정말로 행성이 있었습니다."

하지만 이에 앞서 영국의 천문학자 존 애덤스John Couch Adams(1819~1892)는 해왕성의 존재를 정확히 예견했다. 그는 역학의 원리를 토대로 수학적 방법을 동원하여 새로운 행성의 위치를 추산했다. 그리고 2년 넘게 계산한 끝에 1845년 이 어려운 이론 문제를 해결했다. 그때 그의 나이는 겨우 26살로 대학을 졸업한 그 이듬해였다. 그는 감격에 겨워 이 계산 결과를 영국 왕립천문대에 알렸다. 하지만 그의 계산은 어느 누구에게도 주목받지 못했다. 그 다음해 독일 베를린 천문대가 해왕성의 발견 소식을 발표한 이후에야 애덤스의 성과가 영국인에게 주목을 끌었을 뿐이다.

프랑스의 르 베리에는 이 뛰어난 공로를 인정받아 1847년에 영국 왕립학회의 회원으로 뽑혔다. 그는 그 다음해 런던에서 존 애덤스를 만났다. 비록 국적은 서로 달랐지만 두 사람은 절친한 친구가 되어 서로를 지지했으며 천문학 분야에서 큰 업적을 남겼다. 해왕성의 발견은 만유인력 법칙의 승리이자 코페르니쿠스의 태양중심설의 결정적인 승리였다.

한 프랑스인이 그린 풍자만화. 르 베리에가 발견한 해왕성과 반대 방향에서 해왕성을 찾고 있는 애덤스의 모습을 풍자하고 있다.

공적과 오류

르 베리에는 행성 운동 이론에 크게 심취했다. 무엇보다 해왕성을 발견한 후, 행성의 운동에 관한 모든 이론을 수정하는 일에 착수했고 또 행성표촛를 제작했는데, 이 행성표는 19세기 말까지 계속 사용되었다. 그는 이 기간에 이론적으로 계산한 수성의 궤도가 항상 실제 관측 값보다 작다는 사실을 발견했다. 그는 해왕성을 발견한 것에 고무되어 1859년 수성 궤도 안쪽에 아직 발견되지 않은

한 프랑스인이 그린 풍자만화. 애덤스가 르 베리에의 책에서 해왕성을 찾아내고 있다.

또 다른 행성이 있다고 발표했다. 사람들은 르 베리에의 명성 때문에 그의 주장을 조금도 의심하지 않았고, 수성 안쪽의 행성을 찾으려는 열기는 점점 고조되었다.

공교롭게도 같은 해에 프랑스의 한 아마추어 천문학자가 "9개월 전에 이 새로운 행성이 태양 표면을 지나가는 것을 관측했다."라고 주장했다. 그러자 어떤 사람이 이 미지의 행성을 '불칸Vulcan'이라고 이름 지었다. 르 베리에가 직접 이 천문학자를 찾아가보니 그는 목수였고 자신의 관측 기록을 나무판 위에 기록해두었다. 하지만 더 이상 이 기록이 쓸모없어지자 이 목수는 자신이 기록한 곳을 대패로 밀어버렸다. 일설에 따르면 두 사람이 만났을 때 분위기가 매우 냉랭했으며, 분노한 르 베리에는 이 목수를 '치졸한 사기꾼'이라고 호되게 꾸짖었다고 한다.

화성 연구자

화성 표면의 운하

이탈리아의 천문학자 지오반니 스키아파렐리Giovanni Virginio Schiaparelli (1835~1910)의 이름은 이른바 화성의 '운하'와 깊은 관련이 있지만, 사실 그의 가장 큰 업적은 혜성과 유성 사이의 관계를 연구한 것이다.

스키아파렐리는 혜성에 특히 관심이 많았다. 그는 1858년에 나타난 '도나티 혜성Donati Comet(C/1858 L1)'을 관측했고, 1862년에 출현한 '1862III 혜성'도 관측했다. 이때부터 그는 혜성과 유성流星(meteor), 유성우流星雨(meteor shower) 사이의 연관성에 몰입하기 시작했다. 그 당시에는 이미 많은 유성군의 존재가 알

이탈리아의 천문학자 스키아파렐리
그는 화성에 대한 연구로 유명하다.

려져 있었는데 가령 8월의 페르세우스자리 유성군Perseids, 11월의 사자자리 유성군Leonids 등이 대표적이다. 스키아파렐리는 유성군 중의 유성체는 이와 연관된 혜성 궤도를 따라 운행하므로, 이들은 혜성에서 떨어져 나온 부스러기 파편에 불과하다고 확신했다. 1866년, 그는 8월에 나타나는 페르세우스자리 유성군의 궤도와 1862년에 나타난 대혜성의 궤도가 일치한다고 생각했고, 이 대혜성은 페르세우스자리 유성군의 모체라고 생각했다. 실제로 1862III 혜성의 주기는 약 120년으로 예측되어 1982년 전후에 지구를 다시 찾을 것으로 전망되었지만 지금까지 어느 누구도 이 혜성을 발견하지 못했다. 이 혜성의 주기를 잘못 계산했을 수도 있고, 지구 근처를 다시 찾았지만 지난번처럼 밝지 않아서 관측을 못했을 수도 있다.

스키아파렐리가 행성 분야에서 이룩한 첫 번째 업적은 1861년에 발견한 69번째 소행성이다. 그는 수성 표면의 지도를 제작하고 수성과 금성의 자전주기를 계산하는 데 많은 노력을 기울였지만, 기대했던 결과를 얻는 데는 실패했다.

1877년에 화성이 지구에 가장 가까워지는 충衝이 있었다. 브레라 천문대의 천문대장이었던 스키아파렐리는 이 기회를 놓치지 않고 성능이 매우 우수한 망원경을 이용하여 화성을 장기간 관측했다. 이를 통해 그는 과거 어느 시기보다 더 정밀한 화성 지도를 그렸고 일부 지형에 이름을 붙였다.

그가 발견한 화성 표면의 가장 큰 특징은 붉은색 '사막'을 지나가는 길고 곧은 줄무늬였는데, 그는 이를 'canali'(이탈리아어로 '갈라짐'의 뜻)라고 이름 붙였다. 그러나 이것이 나중에 영어로 'canal운하'로 잘못 번역되었다. 일반적으로 운하는 사람이 인공적으로 만드는 구조물이다. 그래서 이른바 '화성의 인공 운하설'이 순식간에 퍼져나갔다. 1879년 화성의 충 때에, 그는 또 다시 이 줄무늬를 관측했는데 이들 중 일부는 더 넓어져 둘로 갈라져 보이기도 했다. 그리고 1886년 이후에는 많은 사람들이 운하를 관측했으며 그것이 확실히 존재한다고 믿기에 이르렀다.

그러나 오늘날 화성에 착륙한 모든 탐사선은 화성에 이른바 '운하'는 전혀 존재하지 않음을 증명하고 있다. 그럼에도 스키아파렐리의 업적은 과학적 가치가 여전히 높으며, 그를 19세기의 가장 위대한 행성 관측자의 반열에 올려놓아도 손색이 없을 것이다.

화성을 연구한 천문대

화성에는 정말 운하가 있을까? 지적 능력이 뛰어난 생물이 살고 있을까? 천문학자들은 이 문제를 놓고 치열하게 논쟁했다. 이때 미국 보스턴의 재력가인 퍼시벌 로웰Percival Lowell(1855~1916)이 화성 문제에 흥미를 느꼈다.

19세기 말의 로웰 천문대Lowell Observatory

1894년 화성이 또 다시 지구와 가까워지는 충의 위치에 왔을 때, 로웰은 하고 있던 사업을 중단하고 애리조나 주 플래그스태프^{Flagstaff}에 우수한 장비를 갖춘 개인 천문대를 세웠다. 이 천문대의 핵심 기기는 구경이 60cm이고 성능이 뛰어난 굴절 망원경이었는데 1896년 천문대가 완성되자 그는 화성 연구를 본격적으로 시작했다. 그의 이름을 딴 로웰 천문대에는 수많은 뛰어난 천문학자와 조교가 함께 일했다. 대표적인 인물이 화성 연구로 유명한 피커링$^{William Henry Pickering}$(1858~1938)과 나중에 많은 중요한 것을 발견한 베스토 슬라이퍼 등이다.

로웰은 스키아파렐리를 열렬히 지지했으며 화성에 정말로 '운하'가 있고 그 '운하'는 사람이 만든 것이라고 굳게 믿었다. 과거의 화성인이 대규모 관개시설을 건설한 목적은 극지방의 물을 인구가 밀집한 적도로 끌어오기 위해서라고 생각했다.

로웰은 이런 주장을 증명하기 위해 무려 15년 동안 오로지 화성 연구에 매달렸으며 수천 장의 화성 사진을 촬영했다. 그는 의심의 여지도 없이 운하를 보았다(또는 보았다고 믿었는지도 모른다). 사실 로웰이 본 화성 표면의 무늬는 스키아파렐리가 관찰한 것보다 훨씬 많았고, 그는 500개 이상의 운하를 포함한 상세한 지도를 제작했다. 그는 이 지도에서 운하가 서로 만나는 곳에 '오아시스'를 그려 넣음으로써 운하가 때때로 쌍을 이루기도 한다고 설명했다. 그리고 계절에 따른 변화를 상세하게 기록했는데 이들은 마치 곡식이 무성했다가 시든 것처럼 보였다.

로웰은 이 밖에도 인류가 화성에서 살 수 있다거나 '화성인'이 실제로 존재한다와 같은 주장을 펴기도 했다. 그의 주장은 큰 관심을 끌었고 파급효과를 낳기도 했지만, 많은 천문학자는 이에 반박했다. 그러나 로웰은 이런 비판적인 견해를 전혀 수용하지 않았다.

1971년 5월 30일에 발사한 미국의 '매리너^{Mariner} 9호'는 화성 궤도를 도는 데 성공

로웰 천문대의 구경 30인치 굴절망원경

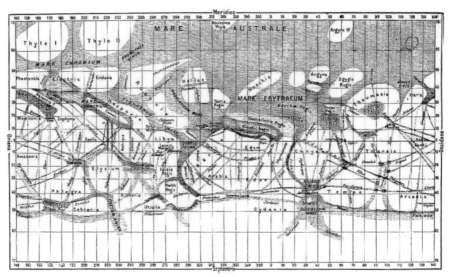

화성의 '운하' 그림. 하지만 이는 결코 인공 운하가 아니다. 스키아파렐리는 처음부터 운하라는 생각을 하지 않았지만 사람들이 운하라고 오해했을 뿐이다.

했고 지구에 많은 화성 표면 사진을 보내왔다. 이 사진에 운하는 없었다. 로웰이 틀렸던 것이다! 1975년 8월 20일과 9월 9일에 발사한 '바이킹 1호'와 '바이킹 2호'는 화성 궤도를 탐사하고 화성에 착륙하는 데 성공했다. 바이킹 1호와 바이킹 2호가 촬영한 화성 표면 사진을 보면 화성은 메마르고 황량한 불모지였다.

그렇지만 로웰의 연구는 각 행성에 대한 관측을 촉진하는 역할을 했다. 그가 해왕성 바깥을 도는 미지의 행성에 대한 위치 계산 결과는 훗날 이 천문대에서 일했던 젊은 천문학자인 클라이드 톰보가 1930년 명왕성을 발견하는 데 크게 기여했다.

미국 천문학의 발전

하버드 천문대의 설립

윌리엄 본드

19세기 말까지 미국에는 대형 천문대도 없었고 유명한 천문학자도 극소수에 지나지 않았다. 하지만 윌리엄 본드^{William} Cranch Bond(1789~1859) 부자가 미국 최초의 천문대인 하버드 천문대를 세우고 난 후, 미국은 천문학 연구와 발전 면에서 세계 선진국가로 발돋움했다.

1806년에 우연히 개기일식을 관측한 본드는 천문학의 매력에 푹 빠졌다. 그는 1811년에 나타난 대혜성을 발견한 사람 가운데 하나인데, 이 대혜성은 지금까지 발견된 가장 밝은 혜성이다. 이어 4년 후에는 소형 천문대를 세웠다. 그리고 아버지의 가르침을 받으며 어렸을 때부터 아버지와 함께 천체를 관측한 그의 아들 조지 본드는 그에게 둘도 없는 훌륭한 조수였다.

하버드 천문대의 초창기 모습

　1839년 하버드 대학은 본드의 개인 천문대를 합병하여 하버드 대학 천문대로 바꾸자고 제안했고, 본드는 이를 수락하여 초대 천문대장을 맡았다. 1847년 6월 24일, 하버드 대학 천문대는 독일에서 도입한 구경 15인치(38cm) 굴절망원경을 공식 가동했는데 이는 당시 세계에서 가장 큰 망원경이었다. 본드 부자는 이 망원경을 이용하여 1848년에 토성의 여덟 번째 위성인 히페리온Hyperion을 발견했고, 1850년 11월에는 토성의 세 번째 고리인 '크레페 환C환'을 발견했다. 영국의 윌리엄 라셀 역시 독자적으로 히페리온과 C환을 발견했는데, 다만 본드 부자보다 며칠 늦었을 뿐이다.

　1847년부터 1852년 사이에, 본드 부자는 사진술의 선구자인 존 위플John Adams Whipple(1822~1891)과 함께 15인치 망원경으로 달 등 많은 천체를 촬영했고, 그 결과 1851년 영국 런던에서 열린 만국박람회Crystal Palace Exposition에서 상을 받았다. 1850년

7월 16~17일 밤, 본드 부자와 위플은 '은판 사진법'을 이용하여 거문고자리의 베가를 촬영하는 데 성공했다. 이는 항성을 촬영한 최초의 사진이었다. 그들은 1857년에도 큰곰자리의 쌍성인 미자르^{Mizar}와 알코르^{Alcor}를 촬영했다.

1859년 윌리엄 본드가 미국 매사추세츠 주 케임브리지에서 세상을 떠나자 아들 조지 본드가 하버드 대학 천문대장 자리를 이어받았다. 훗날 본드 부자의 업적을 기리기 위해 소행성 767호는 '본디아^{Bondia}'로 명명했다. 이후 하버드 대학 천문대의 연구 활동은 전 세계를 이끌었는데, 이 모두는 본드 부자의 뛰어난 업적이 있었기에 가능했다.

바너드 별

가난한 집안에서 태어난 미국의 천문학자 에드워드 바너드^{Edward Emerson Barnard}(1857~1923)는 어렸을 때부터 천문학에 매료되어 꼭 천문대에서 일하겠다고 다짐했다. 그리고 그 꿈은 10여 세 때 이미 실현되었다. 바너드는 자신이 만든 소형 망원경으로 혜성을 탐사하면서 자신의 운을 시험해 봤는데, 정말로 운 좋게 혜성 하나를 발견했으며 덕분에 적지만 포상금도 받았다. 그때부터 거짓말처럼 혜성이 하나씩 둘씩 나타났고 그는 모두 16개의 혜성을 발견했다.

바너드는 1877년부터 릭 천문대^{Lick Observatory}에서

미국의 천문학자 에드워드 바너드

바너드가 릭 천문대에서 일하던 기간에 사용했던 굴절망원경

일했다. 그리고 1892년에 그곳에서 지름 91.4cm인 당시 세계에서 가장 큰 굴절망원경을 이용하여 목성의 다섯 번째 위성 '주피터 V'를 발견했다. 이는 대단히 중요한 발견이었다. 왜냐하면 1610년 갈릴레오 갈릴레이가 목성의 위성 4개를 찾아낸 이후 282년 만에 처음 발견된 위성이었기 때문이다.

바너드는 1895년부터 여키스 천문대Yerkes Observatory의 연구원으로 일했고, 1897년부터는 이 천문대가 제작한 지름 101.6cm인 세계 최대 굴절망원경을 이용하여 주로 천체를 관측했다. 그는 화성 표면에서 크레이터를 발견했다. 하지만 사람들에게 비웃음을 당할까봐 두려워 이를 발표하지 않았다. 하지만 1960년대 화성탐사선 매리너 4호가 화성에 실제로 크레이터가 존재한다는 사실을 증명했다.

바너드의 뛰어난 공적 가운데 하나는 '대일조對日照(counterglow)'의 관측이다. 대일조란 달이 없는 맑은 날 밤에 태양의 정반대 황도 위에 둥글고 희미하게 보이는 반점으로 평상시에는 거의 보이지 않는다. 물론 그는 대일조를 최초로 발견한 사람은 아니지만 수많은 대일조를 매우 상세하게 관측하여 사람들에게 이에 대한 지

식을 풍부하게 해 주었다.

'암흑 성운'은 '밝은 성운'과 마찬가지로 주로 먼지와 같은 우주 물질로 이루어져 있다. 다만, 주위에 이를 밝게 비쳐줄 만큼 온도가 높은 별이 없고, 그 대신 성운의 뒤에 있는 별빛을 가리기 때문에 어둡게 보일 뿐이다. 남십자자리의 '석탄자루 성운Coalsack'이 대표적인 암흑 성운이다. 바너드는 은하계 안에 이런 암흑 성운이 매우 많이 존재하며, 그 이유는 이곳의 암흑 물질이 먼 곳에서 온 별빛을 차단하기 때문이라는 사실을 발견했다.

1916년, 바너드는 항성의 움직임을 관측하다가 지금까지 알려진 고유운동固有運動(관측자의 시선과 직각으로 천구상을 움직이는 별의 겉보기운동으로, 천구에서 별의 위치가 오랜 시간이 지나면서 여러 방향으로 조금씩 변하는 운동)이 가장 큰 별을 발견했다. 이 항성은 뱀주인자리에 위치한 9.5등급의 어두운 별로 천구에서 보름달의 겉보기 지름視直徑만큼이나 이동했다. '바너드 별Barnard's Star'로 명명한 이 항성은 지름과 질량이 모두 태양의 1/5밖에 안 될 정도로 작으며 표면 온도도 2,500℃에 불과하다. 바너드 별은 지구로부터 5.9광년 떨어져 있으며, 이는 태양과 지구에서 가장 가까운 프록시마와 그 동반성인 켄타우루스자리 α별을 제외하면 지구에서 가장 가까운 별이다. 게다가 바너드 별은 현재 초속 108km의 속도로 우리를 향해 다가오고 있으므로, 서기 1만 1,800년이 되면 지구로부터 3.8광년밖에 떨어지지 않게 된다. 하지만 여전히 8.5등급의 어두운 별이므로 망원경이 있어야만 관측할 수 있다. 미국의 천문학자 페테르 판 데 캄프Peter van de Kamp(1901~1995)는 1963년에 바너드 별의 운동을 분석하고 그 궤도의 주기와 섭동을 계산한 후, 이 별의 주변에 행성과 유사한 두 개의 동반성이 있다고 주장했다. 그러나 1970년대 중반, 어떤 천문학자는 바너드 별의 운행을 자세히 연구한 뒤 이른바 동반성은 존재하지 않는다고 주장했다. 이 동

바너드가 발견하여 나중에 '바너드 별'로 이름 붙여진 항성

반성에 관한 논쟁은 아직 끝나지 않았다. 바너드 별은 이처럼 천문학자들의 지대한 관심을 받고 있는 별임에 틀림이 없다.

위대한 천문학자 조지 헤일

천문학의 역사를 보면 어떤 사람은 관측 능력이 뛰어나 존경을 받고, 어떤 사람은 이론에 큰 공적을 남겨 세계적으로 유명해지기도 한다. 또 어떤 사람은 관측 기기를 발명하고 기술을 발전시켜 사람들의 마음속에 오래도록 기억되기도 한다. 그런데 미국의 천문학자 조지 헤일George Ellery Hale(1868~1938)

미국의 천문학자 조지 헤일

은 위에서 말한 세 가지 면에서 모두 탁월했기 때문에 유명하다.

헤일은 단광單光 태양사진기를 발명하여 1892년에 태양의 단색 사진을 촬영했는데, 이는 최초로 개기일식이 아닌 때에 홍염紅焰(prominence) 사진을 찍은 것이다. 또한 태양 표면에서 밝게 빛나는 칼슘 구름인 플라주plage도 발견했다. 헤일은 1904년 세계 최초로 태양 흑점 스펙트럼 사진을 촬영하여, 흑점의 온도가 주변 구역보다 낮다는 사실을 증명했다. 또 흑점에서 강한 자기장磁氣場을 발견했는데, 이는 지구 이외의 천체에서 발견한 최초의 자기장이다. 아울러 태양의 자기 북극磁氣北極과 자기 남극磁氣南極이 22년을 주기로 서로 뒤바뀌었다가 원래로 돌아오는 이른바 '헤일 주기'를 발견했다.

헤일은 시카고 대학교 천문학과 부교수로 재직하면서 좀 더 큰 망원경으로 관측하고 싶은 갈망을 느꼈다. 그래서 시카고의 기업가인 여키스Charles Tyson Yerkes(1837~1905)를 설득하여 자금을 지원받았고, 지름 101.6cm인 대형 굴절망원경을 제작했다. 1897년에 천문대와 망원경이 동시에 완성되었고, 헤일은 여키스 천문대의 초대 대장을 역임했다. 하지만 그는 여기서 만족하지 않았다. 그는 망원경은 궁극적으로 굴절망원경이 아닌 반사망원경으로 발전해야 한다고 믿었다. 그 이유는 굴절망원경의 경우 대물 렌즈를 지탱해주는 것은 오직 경통뿐인데, 만약 대물

렌즈가 너무 무겁다면 자체 무게 때문에 렌즈가 변형될 수 있어서 정확한 관측이 어려워지기 때문이다. 하지만 거대한 반사망원경의 경우 뒤에서 렌즈를 지탱해줄 수 있다. 더구나 반사 렌즈는 굴절 렌즈보다 제작하기가 훨씬 수월하다는 장점도 있다.

워싱턴에 위치한 카네기협회 Carnegie Institution of Washington는 1904년 12월 20일에 캘리포니아 패서디나Pasadena 근처의 윌슨 산에 천문대를 건설하기로 결정했다. 드디어 조지 헤일의 꿈이 이루어지는 순간이었다. 1905년 여름에는 반사식 태양망원경이 가동에 들어갔고 이어 수직으로 된 '탑형塔型

1946년에 촬영한 사진. 야간 조교인 진 핸콕Gene Hancock이 한밤중에 수동으로 망원경을 조작하고 있다. 1908년 미국 천문학자 조지 헤일은 지름 60인치의 반사망원경을 제작하여 윌슨 산 천문대에 설치했는데, 이는 세계에서 가장 큰 망원경으로 스펙트럼 분석, 연주시차 측정, 성운의 관측 및 광도 측정 등 분야에서 미국이 세계 최강국으로 우뚝서는 데 기여했다. 이 망원경은 몇 년 뒤 이보다 지름이 더 큰 후커 망원경Hooker Telescope(1917)을 제작하기까지 세계 최대 망원경이라는 명성을 유지했다.

망원경' 두 대가 차례로 완성되어 태양을 촬영하는 데 사용되었다. 또 여키스 천문대의 지하실에서 보관 중인 60인치 반사경을 기차로 캘리포니아 주까지 운반한 뒤 1908년 12월부터 천체 관측에 투입하기도 했다. 헤일은 다음과 같이 말했다.

"항성은 검은 백조의 털에 달린 보석과도 같다. 광활하고 암흑에 휩싸인 우주 속의 모든 별은 밝게 빛나고 생동하는 점이다."

사업가 존 후커John Hooker의 지원을 받아 1917년 윌슨 산 천문대에 건설한 지름 100인치의 반사망원경인 후커 망원경. 이 망원경은 그 후 30년간 세계 최대 망원경으로 군림했으며, 안정적인 가동을 위해 액체 압력 시스템에 수은을 사용했다.

헤일은 백만장자인 기업가 친구를 설득하여 대형 망원경 제작 계획을 지원하도록 하는 데 훌륭한 수완을 발휘했다. 그는 이 계획을 성사시키기 위해 모든 기회를 철저히 활용했다. 한 번은 어떤 만찬에서 오랫동안 만나보고 싶었지만 기회를 잡지 못했던 백만장자를 만났다. 헤일은 머리를 짜내어 자신의 자리를 이 백만장자의 곁으로 옮기는 데 성공했다. 그 결과 대형 망원경을 제작하는 새 계획을 논의할 수 있었고, 만찬이 끝나기도 전에 지원을 약속받기에 이르렀다.

이어 조지 헤일은 캘리포니아의 사업가 존 후커의 자금 지원을 받아 지름 100인치(2.54m)인 반사망원경을 제작했다. 후커 망원경은 1917년부터 가동에 들어갔으며 그 후 30년간 세계 최대 망원경으로 군림했다. 미국의 천문학자 에드윈 허블Edwin Powell Hubble(1889~1953)은 바로 이 망원경을 이용하여 하늘을 관측했고, 1920년대에 모든 성운은 우리 은하의 바깥의 아주 먼 곳에 독립적으로 존재하는 천체라는 사실을 증명했다.

이처럼 막대한 자금을 투입하여 지름 100인치의 대형 망원경을 제작한 것은 그만큼 훌륭한 결과를 가져왔다. 헤일은 여기에서 그치지 않고 지름 200인치(5.08m)의 초대형 망원경을 제작하기로 마음먹었다. 그의 쉼 없는 노력과 탁월한 경영 능력은 곧 결실을 맺어 1928년부터 이 초대형 망원경 제작 사업이 시작되었고, 1948년 팔로마 산 천문대에서 실전 가동할 수 있었다. 이 두 대형 망원경은 천문학 발전과 천체 발견의 역사에서 전무후무한 업적을 남겼고, 오늘날까지도 지름 5.08m의 초대형 렌즈가 제공하는 정보와 자료는 부동의 세계 1위를 자랑하고 있다.

안타깝게도 헤일은 1938년에 세상을 떠나 자신의 걸작

조지 헤일은 지름 100인치 후커 망원경에 결코 만족하지 않았다. 1928년 그는 팔로마 산 천문대에 지름 200인치의 대형 반사망원경을 제작하기로 결정했고, 이 망원경은 1948년에 완성되어 실전에 사용되었다. 헤일은 1890년 미국 MIT 공과대학을 졸업하고 1892년 시카고 대학 천체물리학과 부교수를 역임했고, 여키스 천문대의 초대 대장이 되었다. 1904년에 윌슨 산 태양 관측대를 건설했고, 이는 나중에 윌슨 산 천문대가 되었다. 그는 1923년 질병으로 사임할 때까지 윌슨 산 천문대 대장으로 일했다.

을 감상하지 못했다. 그의 공적을 기리기 위해 5.08m 망원경은 '헤일 망원경'으로 명명했다. 그리고 1969년 12월, 윌슨 산 천문대와 팔로마 산 천문대의 이름을 변경하여 '헤일 천문대'로 통합했다.

태양 흑점 자기장

1908년 조지 헤일은 파장이 6,563옹스트롬(빛의 파장의 길이를 재는 단위로, 1옹스트롬은 10^{-10}m이다.)인 붉은빛의 수소 이온 가스를 이용하여 단색광 태양 사진을 촬영했는데, 이 사진에서 흑점 주위에 소용돌이 모양의 물질을 발견했다. 그리고 그 후에도 이런 현상을 여러 차례 발견했으며 당시 헤일은 이 현상을 '태양면 소용돌이'라고 이름 붙였다. 관측 결과에 따르면, 하나의 흑점군#에는 일반적으로 주요한 흑점 두 개가 있는데, 태양의 자전 방향을 따라 이 흑점군의 서쪽에 먼저 나타나는 것을 '선행흑점leading sunspot', 뒤이어 나중에 나타나는 것을 '후속흑점following sunspot'이라고 불렀다. 이런 소용돌이 현상이 흑점 근처에 나타나면, 마치 말굽자석 근처에 철가루가 분포하는 모양과 매우 비슷했다. 이를 토대로 헤일은 태양의 흑점이 매우 강력한 자기장을 갖고 있을 것이라고 예측했다.

훗날 헤일은 태양 흑점의 자기장을 측정한 결과 그 크기가 3,000~4,000가우스 정도였으며(지구 자기장의 크기는 1가우스 미만이다), 이는 최초로 지구 이외 천체의 자기장의 크기를 측정한 것이었다.

이후 천문대에서는 흑점의 자기장을 수시로 관측했으며, 방대한 관측 결과 모든 흑점에 자기장이 존재한다는 사실을 밝혀냈다. 지구에 자기북극N극과 자기남극S극이 있듯이, 태양 흑점 역시 N극과 S극이 있다. 만약 선행흑점이 S극이라면 후속

흑점은 N극이다. 관측 결과 태양 남반구와 북반구에 위치한 흑점군의 선행흑점의 극은 서로 반대였다. 태양 흑점의 주기를 관측하던 중, 만약 원래 북반구의 선행 흑점이 N극이었다면 약 11년 후 S극으로 바뀐다는 사실도 밝혀졌다. 헤일은 이를 바탕으로 1919년에 정확한 태양 활동의 주기는 11년이 아니라 22년이라고 주장했다. 오늘날 사람들은 이 22년을 '태양 흑점의 자기장 주기' 또는 '헤일 주기'라고 부른다.

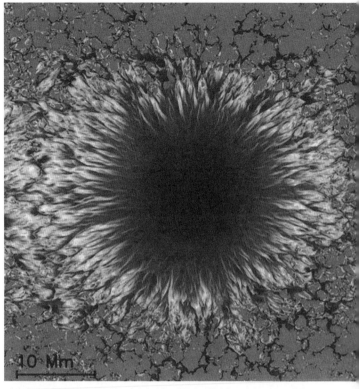

태양 흑점이 폭발할 때 나타나는 가상의 모습. 미국의 과학자가 슈퍼컴퓨터를 이용한 시뮬레이션 실험에서 만들어냈다.

　한편 태양의 자기장이 어떻게 생겼는지에 대해서는 오늘날까지도 여전히 수수께끼로 남아 있다.

제7장

20세기 이후의 천문학

20세기 들어 현대 물리학과 기술이 고도로 발전하고
천문학 관측 연구가 광범위하게 활용되면서,
천체물리학은 천문학의 핵심 분야가 되었다.
아울러 고전적인 천체역학과 천체관측학도
쇠퇴하기는커녕 더욱 크게 발전했다. 우주와 각종
천체, 천문 현상에 대한 인식이 전례 없이 깊어지고
확대되었다.

항성의 운명

덴마크의 천문학자 엔야 헤르츠스프룽

천문학계에는 오랫동안 별의 탄생과 진화, 종말에 대해 다양한 주장이 제기되어 왔다. 하지만 'H-R(헤르츠스프룽-러셀) 도®'가 발표될 때까지 이를 뒷받침할 명확한 증거는 없었다.

'H-R 도'의 탄생

덴마크의 천문학자 엔야 헤르츠스프룽Ejnar Hertzsprung(1873~1967)은 항성을 연구하다가 우연히 아주 흥미 있는 현상을 발견했다. 그것은 스펙트럼의 특징을 분석한 결과 붉은 색 별은 밝은 별과 어두운 별 두 가지로 나눌 수 있으며, 태양과 같이 밝기가 중간쯤 되는 붉은 색 별은 존재하지 않는다는 사실이었다. 오렌지색과 노란색 별의 밝기는 그렇게 명확하게 구분되지 않았지만, 파란색 또는 흰색 별은 모두 표

면 온도가 매우 높은 밝은 별이었
다. 그는 밝은 별을 '거성巨星'으로,
어두운 별을 '왜성矮星'으로 불렀다.
그는 1905년에 항성의 밝기(절대등
급)와 색깔(스펙트럼) 사이의 관계
를 통계로 낸 뒤, 이를 바탕으로
그림을 그렸다. 그랬더니 대다수
항성이 왼쪽 위에서 오른쪽 아래
로 이어지는 대각선의 좁은 구역
에 몰려 있고 적색거성은 이 그림
의 오른쪽 위에 집중되어 있다는
사실을 발견했다.

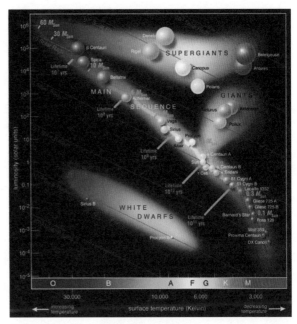

헤르츠스프룽–러셀 도

　그의 논문은 처음 몇 년간은 그다지 큰 주목을 받지 않았다. 그러다 1913년에
미국의 천문학자 헨리 러셀Henry Norris Russell(1877~1957)이 비슷한 그림을 발표한 이후
에야 천문학계는 그의 발견이 갖는 중요한 의의에 주목하게 되었다. 이 두 천문학
자가 독자적으로 발표한 그림의 내용에 차이가 없었으므로, 사람들은 별의 밝기
와 색깔, 스펙트럼 사이의 관계를 나타낸 그림을 '헤르츠스프룽-러셀 도(줄여서 보통
'H-R 도라고 함)라고 불렀다.

　그렇다면 H-R 도는 항성 진화의 순서를 반영하는가? 러셀은 밀도가 작고 부피
가 큰 적색거성부터 시작하여 수평 방향을 따라 H-R 도의 오른쪽에서 왼쪽으로
이동하여 주계열主系列(Main sequence, H-R 도에서 사선으로 배열된 별의 집합)의 왼쪽 위 꼭
대기에 도달하며, 주계열을 따라 왼쪽 위에서 오른쪽 아래로 움직일수록 항성은

점점 진화해간다고 생각했다. 또 그는 별이 진화하는 주요 원인이 항성 자체의 수축 때문이라고 보았다. 항성의 열핵에너지가 발견되기 이전에 그의 생각은 항성의 진화를 연구하는 하나의 시도였다. 하지만 오늘날 이 주장은 옳지 않다는 것이 밝혀졌다.

하지만 H-R 도는 오늘날에도 천체물리학과 항성천문학 등을 연구하는 유용한 도구이다.

미국의 천문학자 헨리 러셀은 엔야 헤르츠스프룽의 연구 성과를 전혀 모르는 상황에서 독자적으로 항성의 절대등급과 색깔 사이의 관계를 규명했다. 훗날 이 그림은 H-R 도로 명명되었다. 러셀의 H-R 도는 1913년에 발표되었다.

위대한 업적

헤르츠스프룽은 '케페우스형 변광성(Cepheid variable star)'을 집중 연구하여 북극성이 케페우스 변광성이라는 사실을 증명했고 케페우스 변광성의 주기와 밝기의 관계를 수식으로 표현했다. 그리고 이 관계를 토대로 소마젤란 은하Small Magellanic Cloud(남반구의 큰부리새자리에 있으며 밝기는 2.7등급, 거리는 20만 광년이다.)의 거리를 비교적 정확하게 계산했다.

케페우스형 변광성은 맥동변광성脈動變光星(pulsating star)의 하나로, 항성 자체가 팽창하고 수축함으로써 밝기가 주기적으로 변화한다. 항성이 팽창하면 붉고 어둡게 변화하며, 수축하면 파랗고 밝게 변한다. 이런 유형의 변광성 가운데 대표적인 별이 케페우스자리의 *δ*별(1784년 존 구드리케가 발견했으며, 5.4일을 주기로 3.5등급에서 4.3등급으로 변화한다.)이다. 케페우스형 변광성은 아주 중요한 한 가지 성질이 있는데, 변광 주기가 길수록 밝기도 커진다. 즉, 앞에서 말한 주기-밝기 관계가 바로 이를 나타낸다.

쌍성 연구의 권위자인 헨리 러셀은 식변광성蝕變光星(eclipsing variable star, 쌍성의 한 별이 동반성을 주기적으로 지나가므로 지구에서 볼 때는 밝기가 바뀌는 것으로 보이는 별)의 밝기 변화 곡선을 토대로 수많은 쌍성의 궤도를 구했고, 쌍성을 이루는 두 동반성의 지름과 질량, 밀도 등 기본적인 요소를 구했다. 1929년 러셀은 태양의 화학적 성분을 최초로 상세히 연구하여 대다수 물질이 수소이고 소량의 헬륨과 산소, 질소 등이 존재한다는 점도 발견했다.

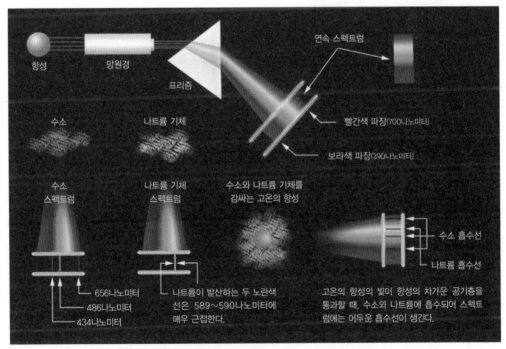

케페우스형 변광성의 측정. 이 작업은 헤르츠스프룽이 처음 시도했다.

최고의 계승자

미국의 천문학자 베스토 슬라이퍼는 1917년 로웰 천문
대 대장이 되었다.

로웰이 세상을 떠나자 미국의 천문학자 베스토 슬라이퍼Vesto M. Slipher가 그의 뒤를 이어 로웰 천문대 대장이 되었다. 그는 원래 로웰의 조교였으며 초청을 받아 1902년에 로웰 천문대로 왔다.

행성의 자전주기 측정

천왕성의 자전주기는 1980년대 말까지도 정확히 알려지지 않았다. 그 가장 큰 원인은 짙은 대기층 때문에 과학자들은 이 어두운 녹색 행성에서 어떤 힌트도 얻을 수 없었기 때문이다.

슬라이퍼는 반복적인 계산과 많은 시행착오를 거쳐 천왕성의 자전주기를 10.7 시간으로 계산했다. 물론 이 값은 현재 사용하는 값과 차이가 있지만(현재 사용하는 천왕성의 자전주기는 15~24시간 사이이다.), 적어도 천왕성의 자전속도가 지구보다 훨씬 빠르다는 사실은 밝힌 것이다.

명왕성을 발견한 미국의 천문학자 클라이드 톰보

명왕성의 발견

해왕성 바깥에 존재할 미지의 행성을 찾아내는 것은 로웰의 꿈이자 주요 과제였다. 슬라이퍼는 로웰의 유지遺志를 이어받아 1929년에 탐사팀을 새로 꾸렸다. 그리고 23세의 젊은 아마추어 천문가 클라이드 톰보(Clyde William Tombaugh, 1906~1997)를 천문대로 초청하여 관측과 수색을 맡겼다.

이 청년 천문가는 사람들의 믿음을 저버리지 않았다. 1930년 톰보는 쌍둥이자리에서 전에 보지 못한 새로운 행성을 찾아냈는데, 이것이 바로 명왕성이다. 명왕성은 우연히 발견되었다. 그러나 로웰과 슬라이퍼, 그리고 이전의 천문학자의 노력 및 많은 계산, 토론, 탐사 작업을 생각해본다면 명왕성의 발견은 필연일 것이다. 그리고 톰보는 이 과정의 행운아였다.

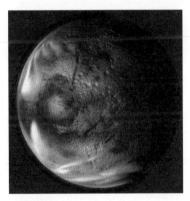

명왕성의 모습. 명왕성은 질량이 작기 때문에 2006년 8월 24일, 국제천문연맹(IAU) 26차 총회에서 명왕성을 태양계의 행성에서 제외하고 '왜소행성矮行星(dwarf planet)'으로 강등했다. 따라서 현재 태양계의 행성은 모두 8개이다. 현재 명왕성의 공식 명칭은 '왜소행성134340'으로 IAU 소행성센터가 2006년 9월에 부여했다.

소용돌이 은하의 연구

천문학계에 명성을 드높인 로웰 천문대

베스토 슬라이퍼는 1912년부터 로웰 천문대의 지름 60cm 굴절망원경을 이용하여 관측과 연구를 실시했다. 그의 주요 업무는 도플러 효과를 토대로 천체의 운동 속도를 측정하는 것이었다. 만약 천체의 스펙트럼이 파장이 긴 빨간색 쪽으로 이동한다면, 이는 빠른 속도로 후퇴하므로 지구에서 멀어진다는 의미이다.

항성계恒星系(stellar system, 서로의 중력에 묶여서 질량중심을 기준으로 공전을 하는 항성들)의 스펙트럼은 원래 어둡기 때문에 각각의 빛은 구별하기 어렵다. 따라서 슬라이퍼가 수행한 작업은 고도의 인내와 진지함이 필요했다. 슬라이퍼는 오늘날 '외부 은하'라고 부르는 천체의 스펙트럼이 붉은색 쪽으로 이동한다는 사실을 발견했다. 10여 년 뒤, 저명한 천문학자 에드윈 허블이 윌슨 산 천문대의 망원경을 이용하여 이들 천체가 우리 은하 바깥에 위치하며, 우리 은하와 마찬가지로 수많은 항성으로 이루어져 있다는 점을 알아냈다. 외부 은하에 관한 슬라이퍼의 이런 연구 성과는 매우 획기적이었다. 기체 성운은 당연히 이와 별개의 천체이다. 슬라이퍼는 플레이아데스 성단(Pleiades Star Cluster)에 속한 성운 등 수많은 성운은 모두 항성으로 구성되지 않았으며, 이들은 근처 항성의 빛을 받아서 밝게 빛난다는 사실을 밝혀냈다.

슬라이퍼가 수십 년을 하루같이 노력하여 로웰 천문대는 세계 최고 천문대의 영예를 유지했으며, 그는 이것만으로도 최고의 천문학자라는 명성과 영예를 얻기에 손색이 없다.

슈미트 : 새로운 차원의 망원경 개발

천체망원경의 지름이 클수록 모으는 빛의 양도 많아지기 때문에 더 멀고 어두운 천체를 관측할 수 있고 나아가 세세한 부분을 변별하는 능력도 커진다. 그러나 대형 반사망원경은 그 작은 천체를 직접 겨냥해야만 천체의 모습이 뚜렷하게 보이고 또 해상도가 높은 선명한 사진을 찍을 수 있다. 반면 직접 겨냥하지 않은 부분의 사진은 흐릿하기 때문에 사용가치가 없다. 그렇다면 지름도 크고 시야도 넓어서 두 마리 토끼를 동시에 잡을 수 있는 새로운 천체망원경을 만들 수는 없을까? 이런 생각을 갖고 있던 사람이 바로 독일의 광학기기 제작자인 베른하르트 폴데마르 슈미트 Bernhard Voldemar Schmidt(1879~1935)였다.

어려웠던 어린 시절

슈미트는 에스토니아^{Estonia}의 나이사르 섬에서 태어났다. 그는 집안이 가난해서 정규 교육을 받지 못했다. 하지만 과학에 큰 흥미를 느꼈던 그는 무엇이든 직접 손으로 실험을 하고 싶어 했고 손재주가 비상했다.

그가 직접 만든 최초의 망원경 렌즈는 보통 유리병의 아랫부분을 사용했다. 먼저 유리병의 바닥을 잘라낸 후 필요한 포물선 모양이 될 때까지 모래로 갈았다. 이는 시간도 많이 걸리고 매우 정밀한 기술을 필요로 했다. 슈미트는 어린 시절에 또 다른 '모험'을 시도했는데 안타깝게도 이는 실패로 끝났다. 그는 직접 만든 화약을 금속통에 넣고 햇볕에 쬐어 어떤 일이 발생하는지 지켜보았다. 그 결과 오른쪽 팔 일부가 화상을 입었고, 두 번 다시 화약으로 장난을 치지 않겠다고 결심했다.

어린 시절에 그는 전신기사, 제도사, 촬영기사 등 다양한 일을 했고 21살 때 스웨덴 고텐부르크^{Gothenburg} 대학에서 엔지니어링을 배울 기회를 잡았다. 그리고 다시 독일의 미트바이다^{Mittweida}의 공학학교에 들어가 공부했고 졸업 후 그곳에 남아 광학기술자로 일하면서 망원경의 광학렌즈와 반사렌즈를 만드는 일에 주력했다. 1926년 그는 함부르크 천문대 대장의 초청으로 이 천문대에서 일하면서 아주 획기적인 업적을 남겼다.

신형 망원경 제작

기존의 천문망원경으로 항성 등 천체를 촬영할 경우, 가장 큰 문제점은 시야가 좁기 때문에 그다지 넓지 않은 구간이더라도 여러 장을 찍어야만

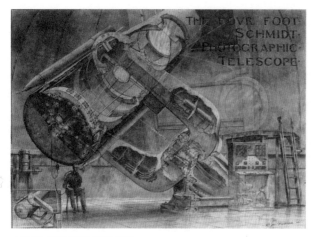

슈미트와 그가 제작한 대형 망원경

했다. 슈미트는 이 문제를 해결했다. 그는 구면렌즈를 메인 렌즈로 하되, 이 앞에 특별한 형태로 연마한 광학 보정補正렌즈를 끼웠다. '슈미트 망원경'으로 이름 붙인 이 망원경의 장점은 시야가 넓고 강한 빛을 모을 수 있기 때문에 사진 한 장이 기존의 망원경으로 촬영한 사진 넓이의 몇 배나 되었다. 또한 시야의 가장자리에 위치한 천체의 영상도 매우 또렷하게 찍혔다. 이런 장점은 일반 망원경으로서는 도저히 따라올 수 없었다.

1931년 발명된 이 신형 망원경은 처음에 사진 촬영에 주로 활용했으며, 오늘날에는 사진 촬영 및 육안 관측 두 가지 용도로 사용하고 있다. 현재 완벽한 설비를 갖춘 천문대에서 슈미트 망원경을 구비하지 않은 천문대는 없다고 해도 과언이 아니다. 반세기 이상 슈미트 망원경은 우리 은하와 외부 은하 등 항성계를 관측하는 데 필수적인 도구였다. 오늘날 천문학자들이 사용하는 가장 우수한 성도인 팔로마Palomar 천문도는 헤일 천문대가 지름 1.22m 슈미트 망원경으로 1950년대에 촬영한 것이다. 그리고 세계에서 가장 큰 슈미트 망원경은 독일의 슈바르츠실트 천문대Karl-Schwarzschild Observatorium에 설치되어 있으며, 메인 렌즈의 지름은 203cm, 보정렌즈의 지름은 134cm이다.

에딩턴 : 영국 천문학의 권위자

만약 20세기 영국에서 가장 훌륭한 천문학자가 누구일까를 투표로 결정한다면 수많은 사람이 에팅턴을 지지할 것이다.

천재 신동

아서 에딩턴Sir Arthur Stanley Eddington (1882~1944)의 아버지는 스트래먼게이트 학

학술을 논하는 에딩턴과 아인슈타인

교의 교장이었는데 1884년 잉글랜드를 휩쓴 장티푸스로 세상을 떠났다. 그래서 그의 어머니가 두 남매를 키웠고, 에딩턴은 어린 시절 집에서 어머니 밑에서 공부했다. 1898년 맨체스터의 오언스 칼리지에 입학한 그는 수학과 영국 문학 분야에서 두각을 나타냈다. 1905년에 그리니치 천문대에 들어가 소행성 에로스의 시차를 분석했다. 또 뒤쪽에 위치한 두 별의 위치 이동을 토대로 통계를 내는 방식을 발견하여 1907년에 스미스상Smith's Prize(영국 케임브리지 대학이 1769년부터 이론물리, 수학, 응

용수학 분야에 기여한 사람에게 매년 수여하는 상)을 받았다. 이 수상으로 인해 그는 케임브리지 대학의 연구원 자격을 얻을 수 있었다. 1913년 초, 에딩턴은 케임브리지 대학 천문학과 및 실험물리학 테뉴어tenure(종신교수) 교수직에 임명되었다. 1914년에 케임브리지 대학 천문대 대장이 되었고, 얼마 뒤 영국 왕립학회 회원에 선출되었다.

1905~1916년 동안, 저명한 과학자 알베르트 아인슈타인Albert Einstein(1879~1955)이 특수 상대성이론과 일반 상대성이론을 발표했다. 에딩턴은 영국 최초로 상대성이론을 연구하고 지지한 과학자이며, 상대성이론을 명확히 이해한 몇 안 되는 과학자의 한 사람이기도 하다. 그 당시 어떤 기자가 에딩턴에게 "전 세계에 상대성이론을 제대로 이해하는 사람이 세 명밖에 안 된다는 것이 사실입니까?"라고 물었을 때 그는 "그 세 번째가 누구요?"라고 되물었다는 에피소드가 전해진다.

아인슈타인은 에딩턴이 1923년에 쓴 《상대론의 수학이론》이 상대성이론에 관한 책 가운데 가장 훌륭한 작품이라며 극찬했다. 그는 심지어, "이 영국 과학자와 유쾌하게 얘기하기 위해 영어를 따로 배우는 것도 나쁘지 않다."라고 말했을 정도였다.

아인슈타인의 예언을 증명하다

에딩턴은 이론의 대가이자 관측 전문가였다. 그는 팀을 지휘하면서 두 번이나 일식을 관측했는데, 특히 두 번째 관측은 천문학 역사에 길이 남을 만큼 가치가 매우 높다.

에딩턴은 이 관측으로 아인슈타인의 이론을 증명했고, 이 소식은 즉시 전 세계 언론에 대대적으로 보도되었다. 하지만 오늘날의 역사학자들의 연구에 따르면 당시 에딩턴이 발표한 수치는 정확하지 않았지만 우연치 않게 수치가 들어맞아 상대성이론이 정확하다고 발표해 버린 것으로 밝혀졌다.

그는 천문학에 수많은 공로를 세웠지만 교만하지 않았다.

영국의 천문학자 프랭크 다이슨 Frank Watson Dyson(1868~1939)은 그의 이

일식 현상을 관측하고 있는 영국의 관측자들

런 성격을 재치 있게 잘 표현했다.

1919년 개기일식 관측을 위해 출발하기 전에, 팀의 한 보조 천문학자가 다이슨에게 질문했다.

"관측에 실패할 경우 아인슈타인의 이론을 증명할 수 없게 되는데, 그럼 어떻게 해야 합니까?"

잠시 생각에 잠긴 다이슨은 이내 엄숙한 목소리로 대답했다.

"안심하게. 만약 그렇게 된다면 에딩턴 교수는 분명 분노가 폭발할 거야. 그럼 자네 혼자서 돌아오면 되는 거야."

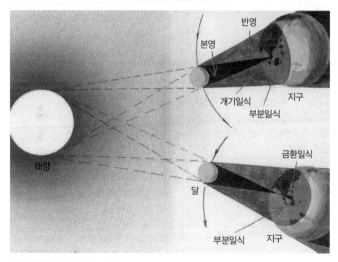

일식의 원인을 나타내는 그림

새로운 측정 시대

은하계의 크기

영국의 천문학자 윌리엄 허셜에서 네덜란드의 천문학자 캅테인$^{Jacobus\ Cornelius}$ ^{Kapteyn}(1851~1922)에 이르기까지 초기의 천문학자들은 태양이 은하계의 중심 근처에 있다고 가정했는데 그 이유는 은하계(은하계의 장축長軸 방향에서 바라본 무수히 많은 어두운 항성)가 어느 방향에서 보나 밝기가 대체적으로 동일했기 때문이다. 그러나 미국의 천문학자 할로 섀플리$^{Harlow\ Shapley}$(1885~1972)는 태양이 은하계의 중심이 아니라 변두리에 위치해 있다는 사실을 최초로 발견했다.

미국의 천문학자 섀플리는 하버드 대학 천문대 대장과 미국 천문학회 회장을 맡았다. 섀플리는 천문학에 크게 기여했다. 그는 구상성단과 케페우스형 변광성을 체계적으로 연구했다. 또 태양계가 은하계의 중심이 아닌 변두리에 위치하고 있으며, 은하계의 중심은 궁수자리 방향에 있다고 말했다. 그의 연구는 우리가 은하계를 정확히 이해하는 튼튼한 기반이 되었다.

섀플리는 20세기 과학 역사에서 가장 훌륭한 인물 중 하나이다. 가난한 농민의 아들로 태어난 섀플리는 체계적인 교육을 받지 못한 채 16살부터 일을 시작했다. 하지만 학구열이 강했던 그는 단기 훈련반에서 시작하여 대학 예비반을 거쳐 대학까지 독학으로 마쳤으며, 마침내 세계적으로 유명한 천문학자가 되었다.

1918년, 섀플리는 우리 은하의 케페우스형 변광성을 관측하여 은하계의 크기를 계산하려고 했다. 그는 특히 구상성단球狀星團(globular cluster)의 케페우스형 변광성을 관측하는 데 중점을 두었다. 구상성단은 수만 개에서 수천만 개의 항성이 조밀하게 모여 공 모양을 이루는 집합체로서 지름은 약 100광년쯤 된다.

구상성단(그 성질은 1세기 전에 윌리엄 허셜이 처음으로 밝혀냈다.)은 우리 은하 근처 우주 공간의 천문학적 환경과는 완전히 다른 모습을 보여준다. 비

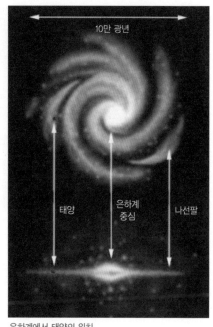

은하계에서 태양의 위치

교적 큰 성단의 중심에는 10세제곱 파섹parsec(1파섹은 연주시차가 1초인 거리를 말하며, 약 3.086×10^{13}km이다.) 안에 약 500개의 항성이 모여 있을 만큼 밀도가 높다. 반면 우리 은하 근처의 공간에는 10세제곱 파섹마다 겨우 한 개의 항성이 분포할 뿐이다. 그러므로 이런 상황에서 구상성단의 별빛은 지구에 비치는 달빛보다도 훨씬 밝으며, 만약 이런 성단의 중심에 근접한 행성이 있다면, 이 행성은 결코 어두운 밤이란 존재하지 않을 것이다.

우리 은하에는 약 100개의 구상성단이 알려져 있고 아직 발견되지 않은 숫자도 이와 비슷할 것으로 보인다. 섀플리는 각 구상성단에서 우리 은하의 거리가 2~20만 광년이라고 계산했다. 가장 가까운 성단은 켄타우루스자리 *ω*(NGC5139)인데, 이는

샤플리는 은퇴 후 과학의 대중화에 앞장섰다. 열정과 철학적 지혜가 가득한 그의 연설은 젊은 청중에게 많은 도움을 주었으며, 여기에서 많은 유명한 과학자가 배출되었다.

지구에서 가장 가까운 항성과 마찬가지로 켄타우루스자리에 있으며 맨눈으로 보면 하나의 별처럼 보인다. 가장 먼 성단은 NGC2419로 지구에서 너무 멀리 떨어져 있어서 은하계의 일원으로 취급하기 어렵다.

샤플리는 이 성단들이 큰 구球 안에 분포하고 은하면銀河面(galactic plane)은 이 구를 중간에서 둘로 나누며, 이들은 마치 헤일로halo(볼록렌즈 모양의 은하계 주체 주변의 편평한 공 모양)처럼 은하계 주체主體의 일부분을 감싸고 있음을 발견했다. 그는 자연스럽게 이 성단들이 은하계의 중심을 돌고 있다고 가정했다. 그는 은하계에서 구상성단으로 이루어진 이 헤일로의 중심점을 궁수자리 방향에 두었고, 거리는 약 5만 광년이라고 계산했다. 이는 허셜과 캅테인이 생각했던 것처럼 태양계는 은하계의 중심이 아니라 변두리에 위치하고 있음을 의미한다.

샤플리가 구상한 은하계는 지름이 30만 광년인 거대한 렌즈 모양이다. 이 과정에서 그는 소용돌이 성운이 은하계 내에 위치한다는 실수를 저질렀다. 반면 커티스Heber Doust Curtis(1872~1942)를 중심으로 한 일부 천문학자는 반대 의견을 개진했다. 훗날 허블의 관측 결과 커티스 등의 견해가 옳다는 것이 밝혀졌다. 그러자 샤플리는 조금도 개의치 않고 자신의 주장을 철회하고 이 사실을 받아들였다. 그는 또한 조각실자리Sculptor 은하와 화학로자리Fornax 은하를 발견했는데, 이들은 모두 우리 은하를 포함하여 국부은하군局部銀河群(Local Group)에 속한다.

별의 종족과 은하의 거리

독일의 천문학자 발터 바데Wilhelm Heinrich Walter Baade(1893~1960)는 독일의 슈뢰팅하우젠Schröttinghausen에서 태어났다. 청년 시절에는 문스터Munster 대학과 괴팅겐Göttingen 대학에서 공부했으며 1919년 박사학위를 받았다. 이어 함부르크 대학의 베르게도르프 천문대Bergedorf Observatory에서 일했다. 1931년 미국으로 이주한 바데는 윌슨 산 천문대와 팔로마 산 천문대에서 일했으며, 이 두 천문대의 훌륭한 시설은 그의 학술적 성과를 더욱 높여 주었다.

독일의 천문학자 발터 바데

바데는 주로 항성과 은하에 관심이 많았으며, 태양계의 천체 연구에도 심혈을 기울였다. 그는 소행성 두 개를 발견했는데, 하나는 1920년에 발견한 944호 소행성 '히달고Hidalgo'로 태양에서 가장 멀리 떨어진 소행성 가운데 하나이며, 가장 멀 때의 거리는 토성에서 태양 사이의 거리에 해당한다. 또 하나는 태양에서 가장 가까운 소행성의 하나인 1566호 '이카루스Icarus'로 1949년에 발견했으며 가장 가까울 때 거리는 수성 궤도 안쪽으로 들어온다.

바데는 안드로메다자리 대성운 M31 중앙의 각 항성을 연구하다가, 그곳에서 가장 밝은 별은 청백색이 아니라 늙은 적색거성이라는 놀라운 사실을 발견했다. 그는 1944년에 '종족 1형 별population I'과 '종족 2형 별population II'이라는 개념을 도입했다. 종족 1형은 주로 젊고 온도가 높은 별이며, 종족 2형에서 가장 밝은 별은 나이가 많고 또 붉은색이나 오렌지색을 띤 초거성이다. 은하의 나선팔에는 주로 종족

1형 별이 분포해 있고, 은하의 중심과 구상성단이 위치한 곳의 별은 모두 종족 2형에 속한다. 또한 종족 1형에는 기체와 먼지가 주를 이루는 성간 물질이 굉장히 많이 분포하며, 그곳에는 별이 태어나고 있을 것으로 추측된다. 하지만 종족 2형 구간에는 별이 탄생할 수 있는 '원료'는 이미 존재하지 않는다.

바데는 에드윈 허블과 밀턴 휴메이슨Milton Humason(1891~1972)이 사용한 케페우스형 변광성의 주기-밝기 관계는 종족 1형 별로부터 관련 은하까지 거리를 측정하는 데만 적용할 수 있다는 사실을 발견했다. 이는 매우 중요한 발견이었다. 왜냐하면 종족 1형 별의 밝기는 종족 2형 별의 두 배이므로 거리도 두 배라는 점을 보여주기 때문이다. 이처럼 매우 먼 은하의 거리는 원래 예상했던 것보다 훨씬 더 멀리 떨어져 있으며, 실제 거리는 기존 값의 두 배 이상이다. 그런 이유로 바데는 안드로메다자리 M31 대성운의 거리를 70~80만 광년에서 220만 광년으로 수정했다.

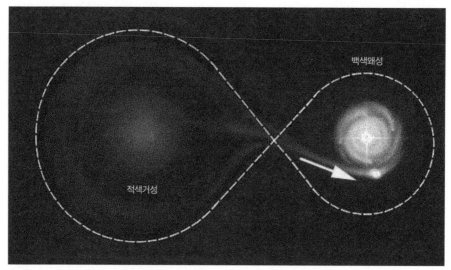

백색왜성이 적색거성의 물질을 흡수하는 모습

1952년 바데가 영국 왕립천문학회의 회의석상에서 우주의 크기가 갑자기 두 배 이상 늘어났다는 사실을 발표하자 참석했던 과학자들은 모두 깜짝 놀랐다고 한다.

이와 더불어 우리 은하의 크기도 명확해졌다. 우리 은하는 다른 은하계만큼 크지 않으며 안드로메다자리 M31 대성운보다 약간 작다. 이처럼 바데는 사람들이 오랫동안 잘못 계산했던 우주의 크기를 바로 잡았으며, 우주의 정확한 모습을 다시 규명했다.

아름다운 안드로메다자리 M31 대성운

새로운 천문학

미국의 천문학자 허블은 현대 우주 이론을 연구한 가장 뛰어난 인물의 한 사람으로, 외부 은하 천문학의 기반을 닦았다.

허블의 공헌

20세기 천문학계는, 갈릴레오 갈릴레이 이후 천문학의 가장 커다란 혁명을 일으킨 사람으로 미국의 천문학자 에드윈 허블 Edwin Powell Hubble(1889~1953)을 꼽는 데 주저하지 않는다.

1914년 허블은 여키스 천문대에서 천문학을 공부했다. 1차 세계대전이 발발한 이후 조지 헤일의 추천을 받아 1919년부터 윌슨 산 천문대에서 일했다. 2차 세계대전 기간에 탄도 전문가의 신분으로 잠깐 동안 천문학을 손에서 놓은 것을 제외하면, 그는 평생 동안 윌슨 산 천문대에서 일했다.

허블의 가장 큰 공적은 우리 은하 밖에 또 다른 은하들이 독립적으로 존재하며, 이들은 우리 은하와 유사한 항성들로 구성되어 있음을 발견한 것이다. 그는 당시 세계에서 가장 우수한 지름 100인치(2.54m)인 윌슨 산 천문대의 반사망원경을 이용하여 안드로메다자리 대성운 가운데 주기가 짧은 케페우스형 변광성 12개를 발견했다. 1923년 그는 이들 변광성이 위치한 은하가 매우 멀리 떨어져 있기 때문에 우리 은

이 그림에서 허블은 태양계를 벗어나 우주 전체를 탐구하려는 사람으로 묘사되었다.

하 안에 위치한 천체가 결코 아니라는 사실을 발견했다. 그가 처음 계산한 안드로메다자리 대성운의 거리는 90만 광년이었지만, 나중에 75~80만 광년으로 줄어들었다. 이 거리 문제는 지금도 약간의 논란은 있지만, 허블이 기존의 한계를 뛰어넘어 '외부 은하 천문학'의 기틀을 다진 선구자였다는 사실은 분명하다. 현재 안드로메다자리 대성운의 거리는 220만 광년으로 알려져 있다.

　그는 수많은 외부 은하의 거리를 측정하여, 은하의 거리와 후퇴속도 사이에는 어떤 명확한 관계가 성립한다는 점을 발견했다. 즉, 지구에서 은하까지 거리가 멀수록 적색이동이 더 커지고 후퇴속도 역시 커진다. 이는 우주가 끊임없이 팽창한다는 의미이다. 이처럼 먼 은하의 스펙트럼에서 나타나는 적색이동은 은하까지 거리에 비례한다는 관계를 '허블의 법칙Hubble's Law'이라고 하며, 이 관계에서 비례상수를 '허블 상수Hubble's constant(우주의 팽창비율)'라고 한다. 1926년에 허블은 나선은하

허블망원경Hubble Space Telescope은 미국의 천문학자 에드윈 허블을 기리기 위해 붙인 이름이다. 허블은 1923~1924년에 윌슨 산 천문대에서 일하면서 안드로메다자리 대성운의 케페우스형 변광성 12개를 발견했다. 주기-밝기 관계를 토대로 이들이 우리 은하 바깥에 위치하고 있으며, 우리 은하와 같은 항성계라는 사실을 발견했다. 이 발견으로 허블은 일약 외부 은하 천문학의 선구자로 떠올랐다. 1926년 허블은 외부 은하계의 형태를 분류하는 방법을 제시했는데, 이 '허블 분류'는 오늘날에도 사용하고 있다.

의 모양이 느슨한 것에서부터 긴밀한 것까지 다양하다는 사실에 착안하여 은하를 분류했다. 훗날 '허블 분류Hubble's classification'라고 이름 붙인 이 분류법은 현재도 사용되고 있다.

허블이 실시한 모든 연구 뒤에는 미국의 전형적인 자수성가형 천문학자인 밀턴 휴메이슨의 전폭적인 지지와 도움이 있었다. 휴메이슨은 정규 교육을 거의 받지 못했다. 윌슨 산 천문대에서 실시한 야외 캠프에 참가했던 그는 천문학에 큰 흥미를 느꼈다. 나중에 노새 몰이꾼으로 고용되었고 새로 건설되는 윌슨 산 천문대까

1954년, 사후에 발표된 허블의 저서《과학의 본질The nature of science》에 나오는 삽화

지 각종 건설 도구와 재료를 달구지로 나르는 일을 맡았다. 1917년에는 이 천문대의 문지기가 되었고, 훗날 조지 헤일이 그를 야간 관측 조수로 채용했다. 이때부터 그는 천문학 지식을 배웠는데 머리가 뛰어나 매우 빠른 속도로 지식을 습득했다.

휴메이슨은 허블의 연구를 헌신적으로 도왔으며, 은하계의 본질과 형태, 스펙트럼과 운동 등 분야에서 그의 둘도 없는 파트너였다. 그는 은하계에서 초신성의 스펙트럼 사진을 촬영하기도 했다. 그는 정밀한 관측 기기와 설비를 조작하고 유지, 보수하는 데 탁월한 전문가였으며 최고 수준의 이론으로 무장했다.

윌리엄 피커링William Henry Pickering(1858~1938)의 요청에 따라 휴메이슨은 해왕성 바깥을 도는 미지의 행성의 사진을 촬영하며 탐사했지만 실패했다. 그런데 1930년에 명왕성이 발견된 후에 휴메이슨이 찍은 사진을 다시 분석한 결과, 적어도 두 장에서 명왕성이 찍혀 있다는 사실을 알게 되었다. 한 장은 바로 이웃한 별빛에 가려져 있었고, 또 한 장은 사진 아랫부분의 눈에 잘 띄지 않는 곳에 약간 흠집이 나 있었는데 명왕성은 바로 이곳에 정확히 나타나 있었다.

허블은 시카고 대학에서 공부할 때 조지 헤일을 만났지만 당시에는 법학에 뜻이 있었다. 하지만 결국 자신이 좋아하는 천문학으로 방향을 틀었고, 평생 천문학 발전에 헌신했다. 따라서 허블은 미국 최고의 현대 천문학자로 부르기에 손색이 없으며, 1990년 4월에 우주로 쏘아올린 최초의 공간망원경에 허블의 이름을 붙여 그가 천문학 발전에 헌신한 공로를 높이 기렸다. 휴메이슨의 삶은 코믹한 면이 있지만 그렇다고 그런 사례가 전혀 없는 것도 아니었다. 프랑스의 천문학자 퐁스Jean-Louis Pons(1761~1831)는 마르세유 천문대의 문지기로 시작했는데, 그때 그의 나이 38세였다. 훗날 혜성 36개를 발견했으며 마지막에는 이탈리아 피렌체 박물관 부속 천문대장이 되었다. 어느 면에서 보나 휴메이슨의 공적은 매우 훌륭하다.

빅뱅우주론

우주학은 우주의 기원과 구조, 진화 과정을 종합적으로 연구하며 천문학의 여러 분야 가운데 가장 큰 주목을 받고 있다. 관측 자료를 토대로 엄밀한 우주 모형과 결합하는 현대 우주학은 20세기 이후에 탄생했다. 지금까지 많은 우주론이 제시되어 있는데, 그중 러시아 출신의 미국 천문학자 조지 가모프George Gamow(본명은 게오르기 안토노비치 가모프, 1904~1968) 등이 제시한 빅뱅Bigbang(우주대폭발) 우주 모형의 영향력이 가장 크다.

이 이론에 따르면 우리가 살고 있는 이 우주는 뜨거운 우주에서 차가운 우주로 진화하고 있다. 태초의 우주는 뜨겁고 고밀도 상태였으며, 우주가 팽창하면서 온도가 급격히 하락하여 원래 중성자와 양성자 등 기본 입자 상태로 존재하는 물질은 결합하여 무거운 수소, 헬륨 등 화학원소가 되었다. 온도가 수천 도로 하락할 때 우주공간에는 주로 기체 물질이 존재하고 이들은 응집하여 기체구름이 되며, 나아가 각종 항성이 되고 오늘날의 우주가 되었다. 가모프는 빅뱅이론을 '$\alpha\beta\gamma$ 이론'이라고도 불렀다.

러시아 출신의 미국 천문학자 조지 가모프

러시아에서 태어난 가모프는 1933년에 미국으로 이주하여 평생을 그곳에 살았다. 그의 첫 번째 업적은 1938년에 항성이 빛을 내는 이유가 내부에 열핵반응이 발생하기 때문이며, 이 반응은 주로 수소 원자가 헬륨 원자로 바뀌는 복잡한 과정이라고 밝힌 것이다. 훗날 그는 우주의 기원을 연구하는 데 집중했다. 가모프는 1948년에 많은 관측 사실을 설명할 수 있는 빅뱅이론을 발표했다. 이 학설은 나중에 천체의 나이, 은하계 스펙트럼의 적색이동, 헬륨의 양, 우주배경복사cosmic microwave background radiation(대폭발 이후에 우주가 팽창하면서 식고 남은 폭발 흔적. 극저온의 전자기파 형태로 남아 현재의 우주를 채우고 있다고 여겨짐) 등 수많은 관측결과를 증명했으며, 이후의 우주학 연구에 새로운 지평을 열어 주었다.

가모프는 우주공간배경에서 오고 등방성等方性(isotropy)이며 전자기파의 형태로 존재하는 잔여 복사輻射(radiation)를 관측해야 한다고 주장했다. 그의 주장은 옳았다. 다만, 그가 세상을 떠나기 얼마 전에야 비로소 증명되었을 뿐이다. 오늘날 이 복

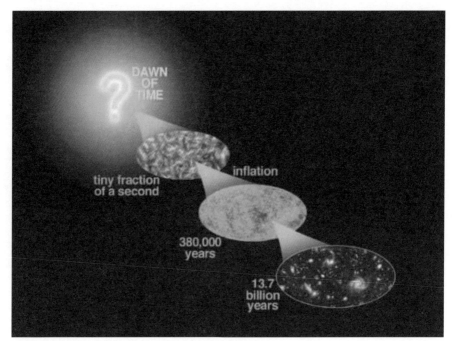

빅뱅이론을 그림으로 나타낸 것. 물음표(?) 부분은 대폭발의 순간을 나타낸다.

사는 '우주배경복사' 또는 '3K배경복사'라고 부르는데 그 이유는 이 복사의 온도가 약 3K(K는 절대온도의 단위로 0K는 −273.15℃이다. 즉, 3K는 −270.15℃이다.)인 흑체복사이기 때문이다. 우주배경복사의 발견은 빅뱅이론을 뒷받침하는 가장 강력한 증거다.

전파천문학

우주에서 온 '전파'

        1925년에 문을 연 미국의 전신회사인 벨 실험실^{Bell Telephone}

Laboratories은 세계 최고 수준의 통신기술 연구기관이다. 1928년 벨 실험실에 들어온

잔스키^{Karl Guthe Jansky(1905~1950)}의 주

요 업무는 전화의 간섭 잡음을 찾

아내고 감별하여 전화의 성능을

높이는 것이었다. 3년 여 동안 일

한 결과 그는 전파를 교란하는 많

은 원인과 규칙성을 찾아냈다.

    1931~1932년에, 잔스키는 장거리

무선통신 관련 연구에 몰두하고

있었다. 당시 이런 종류의 통신에

서는 자주 '쉿쉿' 거리는 소리를 들

을 수 있었는데, 사람들은 짜증이

칼 잔스키가 제작한 안테나. 이 안테나는 바퀴가 달려 있어서 수평면의 어떤 방향도 가리킬 수 있다. 그는 번개 등 불규칙한 소리 이외에 '쉿쉿' 거리는 아주 이상한 잡음을 탐지했는데, 이 잡음의 강도는 23시간 56분을 주기로 변화했으며 이는 천구가 일주운동을 할 때의 주기라는 사실을 발견했다. 이 잡음은 나중에 은하계에서 오는 소리로 밝혀졌다.

났지만 어디에서 오는 소리인지는 알 수 없었다.

전파 방해의 원인을 찾기 위해, 잔스키는 움직임이 가능한 독특한 모양의 안테나를 설계, 제작했다. 모양은 듬성듬성한 평면 그물 같이 생겼고, 아래쪽에는 낡은 포드 자동차에서 떼어낸 바퀴를 달았다.

전파천문학의 확립

오랜 관측 끝에 잔스키는 미약하지만 규칙적인 간섭 신호를 발견했는데, 특히 23시간 56분마다 최댓값을 보인다는 사실에 주목했다. 그는 집중

대형 전파망원경

미국 뉴멕시코 주 소코로(Socorro)에 위치한 초대형 배열 전파망원경(Very Large Array, 약칭 'VLA'). 1980년에 건설했다. 지름 25m인 포물면 안테나 27개로 이루어져 있으며, Y자 모양으로 배열되어 있다. 천문학자들은 이 VLA를 이용하여 블랙홀, 성간구름 등 우주 공간의 각종 천체와 현상을 연구한다.

적인 연구 끝에 1933년 4월 열린 국제회의에서 이 미약한 전파 간섭이 은하계의 중심 방향에서 왔다는 사실을 발표했다. 천체가 무선전파를 방출한다는 이 뜻밖의 발견이 전파를 이용해 천체를 관측한다는 새로운 지평을 열었다.

하지만 아이러니컬하게도 이 놀라운 발견은 과학계의 주목을 끌지 못했다. 반면 잔스키보다 6살 젊은 청년 아마추어 무선전파 애호가이자 엔지니어인 그로트 레버Grote Reber(1911~2002)는 이 일에 큰 흥미를 느꼈다. 1939년 세계 최초의 전파망원경을 제작한 그는 잔스키의 발견을 증명했고, 나아가 다른 천체가 방출하는 무선

전파도 관측했다.

　이로써 천문 관측은 전파망원경 시대로 접어들었고 전파천문학의 시대가 활짝 열렸다. 이 새로운 학문이 탄생한 후 40여 년 동안, 천문학자들은 우주 공간에서 3만 여 개의 전파원源을 찾아냈고 심지어 100억 광년이나 떨어진 은하계도 발견했다. 이로써 이른바 1960년대 현대 천문학의 4대 발견인 '펄서pulsar', '퀘이사quasar', '3K 우주배경복사', '성간분자星間分子(interstellar molecules)'가 모두 발견되었다. 사람들은 이 전파천문학의 탄생을 코페르니쿠스의 태양중심설에 이은 천문학의 두 번째 혁명이라고 부르기도 한다.

카이퍼, 네덜란드의 천재 천문학자

네덜란드의 자존심

핼리가 혜성이 되돌아 올 것이라는 유명한 예언을 한 이후, 천문학자들은 혜성에 대해 변함없는 열정과 관심을 가졌다. 특히 '혜성이 어디에서 생겼을까'를 둘러싼 문제가 가장 큰 관심사였다. 네덜란드의 천문학자 헤릿 피터 르 카위퍼르Gerrit Pieter Kuiper(1905~1973, 일반적으로 '카이퍼'라고 부른다. 1933년 미국에 건너가 시민권을 획득했다)는 바로 이 혜성의 기원 문제에서 탁월한 업적을 남겼다.

네덜란드의 천문학자 카이퍼

1950년 네덜란드의 천문학자 얀 헨드릭 오르트Jan Hendrik Oort(1900~1992)는 혜성의 궤도에 대한 통계를 낸 결과, 궤도의 반지름이 3만~10만AU(1AU는 지구에서 태양까지의 거리로 약 1억 5,000만km이다.)인 혜성이 매우

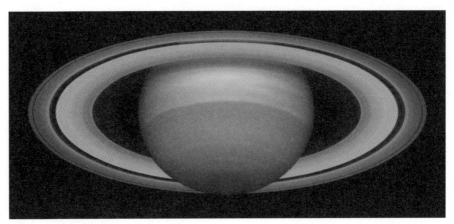
토성과 토성의 신비로운 고리

많다는 사실을 알았다. 그는 이를 토대로 그곳에 수천 억 개의 혜성이 모여 있는 구 모양의 장소가 있을 것으로 추측했다. 이보다 앞선 1932년, 에스토니아의 천문학자 에른스트 외피크Ernst Julius Öpik(1893~1985) 역시 이와 비슷한 주장을 펼쳤다. 따라서 훗날 사람들은 이 혜성의 보고寶庫를 '오르트 구름Oort Cloud'또는 '오르트-외피크 구름'이라고 불렀으며, 그곳의 혜성이 태양을 한 바퀴 공전하는 데 걸리는 시간은 수백 만 년이나 된다. 최근의 정밀한 연구에 따르면, 오르트 구름에는 수 조~수십 조 개의 혜성이 있는 것으로 알려져 있다. 당연히, 이렇게 멀리 떨어진 혜성의 대부분은 아직까지 직접적으로 관측된 바가 없다. 다만, 항성의 인력에 의해서 또는 혜성이 서로 충돌할 때 어떤 혜성은 궤도가 크게 변화하기도 하며, 이런 혜성이 긴 타원 궤도를 그리고 태양계 안에 진입할 때에 우리는 비로소 이들 '새로운' 혜성을 관측할 수 있다.

1951년, 카이퍼는 혜성의 성질과 형성 과정을 연구하다가 다음과 같은 가설을 세웠다.

(1) 태양계 원시 성운의 아주 차가운 외부 공간에 위치한 휘발성 물질이 응결하여 얼음 혜성이 되었다.

(2) 이 얼음 천체의 집단에서 외행성의 크기는 점점 커졌고, 이 외행성의 인력 확산작용에 의해 일부 혜성이 오르트 구름에 들어오게 되었다.

(3) 그러나 명왕성 바깥에는 행성이 생기지 않았다.

(4) 명왕성 바깥에 수많은 혜성이 모여 있는 구간(이를 '카이퍼 벨트Kuiper Belt'라고 한다)이 존재하는데, 이 혜성들의 궤도는 원형에 가까우며 궤도면은 황도면으로부터 그다지 크게 기울어지지 않았다.

1988년 미국 천문학자 던컨 스틸Duncan Steel(1955~)은 카이퍼 벨트는 주기가 짧은 혜성이 태어나는 곳이지만 오르트 구름은 그렇지 않다는 사실을 증명했다.

카이퍼의 연구 성과 때문에 태양계 천문학에 대한 사람들의 관심과 흥미가 크게 높아졌다. 카이퍼의 이 가설은 태양이 원시 성운의 중심부분에서 형성되었다는 점에서 라플라스의 성운기원설과 비슷하다. 반면 차이점은 카이퍼는 원시 성운에서 남은 물질이 태양 주위를 도는 '태양 성운'을 만들었다고 생각했다는 점이다. 그는 이것이 분해된 뒤 모여서 큰 원시 행성을 만들었으며, 더 나아가 행성으로 진화했다고 생각했다.

현대 행성천문학의 아버지

카이퍼는 1960년대부터 미국 애리조나 대학의 달·행성 연구소를 세우고 지휘했다. 이때부터 이 연구소는 일련의 행성 탐사 계획을 시

2006년 1월에 발사되어 명왕성 및 카이퍼 벨트를 탐사할 예정인 뉴호라이즌(New Horizon)호가 카이퍼 벨트에 진입한 모습을 상상한 그림. 카이퍼 벨트는 네덜란드의 천문학자 카이퍼의 이름을 딴 것으로 태양계의 끝에 위치한다. 1950년대, 카이퍼는 해왕성 궤도 바깥의 태양계 가장자리 부분에 얼어붙은 물체가 가득하며, 이들은 원시 태양성운의 잔재이며 단주기 혜성이 태어나는 곳이라고 주장했다.

행하여 큰 성과를 거뒀으며, 카이퍼는 이 탐사 계획을 진두지휘한 중요한 인물이었다. 예를 들어 그는 1961~1965년에 실시한 '레인저Ranger호' 달 탐사 계획의 수석 과학자였다. 또 '서베이어Surveyor호', '달 궤도 정찰위성 LRO(Lunar Reconnaissance Orbiter)', '아폴로Apollo호' 및 구소련이 1957년에 발사한 인류 최초의 인공위성 계획에 적극 참여했다.

아울러 카이퍼는 지상 관측도 소홀히 하지 않았다. 그는 달이나 행성과 같은 천체 관측을 위해서는 이상적인 장소를 선택하여 성능이 우수한 망원경을 설치하는 것이 매우 중요하다고 생각했다. 그는 최적의 장소를 찾기 위해 여러 차례 직접 연구와 조사를 실시한 끝에 태평양의 하와이 군도에 위치한 마우나케아 화산 위에 대형 천문대를 건설했다. 당시 그의 생각에 반대하는 의견이 많았지만 오늘날 마우나케아 천문대에는 이미 많은 대형 망원경이 사용되고 있다.

이처럼 행성천문학 연구에 지대하게 기여한 공로로, 사람들은 카이퍼를 '현대 행성천문학의 아버지'라고 부르며, 천문망원경과 그 밖의 설비를 갖춘 전용 비행기를 '카이퍼 비행천문대'라고 명명했다. 또 수성에서 최초로 발견된 크레이터에도 그의 이름이 붙어 있다(Kuiper Crater).

4대 발견

쿼이사, 성간분자, 펄서, 3K 우주배경복사를 합쳐 1960년대 '현대 천문학의 4대 발견'이라고 부른다. 그리고 최근 20~30년 동안 이 4대 발견 분야에서 두드러진 발전이 이루어졌다.

우주의 3차원 지도를 그리려는 국제 연구 프로젝트인 '슬론 전천탐사SDSS(Sloan Digital Sky Survey Plan)' 프로젝트를 수행하기 위해 미국 뉴멕시코 주 아파치포인트Apache Point 천문대에 세운 지름 2.5m의 SDSS 망원경. 이 망원경에는 매우 복잡한 디지털 카메라가 있는데, 망원경 내부에는 30개의 CCD 카메라를 장착했다. SDSS 망원경은 렌즈의 지름이 2.5m나 되어 시계가 매우 넓은 망원경으로, 다섯 개의 파장 구간 u, g, r, i, z에 위치한 필터 렌즈를 갖고 있는 측광(測光) 시스템이 천체를 촬영한다.

펄서의 발견

'죽음의 별'이라고 알려져 있는 펄서pulsar는 항성이 초신성 단계에서 폭발한 뒤 남은 물질이다. 초신성이 폭발하면 '핵'만 남는데, 이 핵은 크기가 수십 km에 불과하며 회전 속도가 매우 빨라 어떤 것은 1초에 600번을 돌기도 한다. 펄서는 자기장을 갖고 있는데, 회전하면서 이 자기장이 강력한 전파원(源)이 되어 외부로 전자파

미국 항공우주국(NASA)이 2001년 7월에 발사한 WMAP(Wilkinson Microwave Anisotropy Probe). 우주배경복사와 대폭발Bigbang 이후 남아있는 물질의 복사 관련 문제를 연구하는 것이 목적이며, 구체적으로 우주배경복사의 온도 사이의 미세한 차이를 찾아내어 우주의 발생과 관련한 여러 이론을 검증하는 것이다.

를 발산한다. 펄서는 마치 우주의 등대와도 같아서 끊임없이 외부로 전자파를 발산한다. 이 전자파는 간헐적이지만 매우 정확한 주기를 가지기 때문에 펄서를 '우주에서 가장 정확한 시계'라고 부르기도 한다. 펄서는 과거에 전혀 관측되지 않았던 천체이기 때문에, 펄서의 출현은 천문학계에 큰 파장을 가져왔다. 이 펄서를 발견한 사람은 영국 케임브리지 대학의 대학원생 조설린 버넬Jocelyn Bell Burnell(1943~)과 그녀의 지도교수인 천문학자 앤서니 휴이시Anthony Hewish(1924~)였다.

영국 케임브리지 대학은 전파가 행성 간 물질行星間物質(interplanetary matter)로부터 어떤 영향을 받는지 관측할 목적으로 1967년에 새로운 전파망원경을 세웠다. 이 망원경은 완전히 고정시켰기 때문에 이동할 수 없으며, 각 천구의 일주운동에 의해 천체가 망원경의 시계視界에 들어오면 차례로 스캐닝하는 방식이었다. 같은 해 7월 가동을 시작한 이 망원경은 파장이 3.7m인 전파를 탐지할 수 있었다. 망원경으로 관측하고 이를 기록하여 처리하는 번잡한 일은 휴이시 교수의 박사과정 제자인 버넬이 맡았다.

성격이 꼼꼼한 버넬은 관측을 실시하면서 여러 이상한 펄스pulse를 발견했는데, 이 펄스의 시간 간격은 매우 정확했다. 버넬은 즉시 이 사실을 지도교수인 휴이시에게 알렸는데, 그는 처음에는 지구상의 어떤 전파의 간섭을 받았기 때문이라고

생각했다. 그러나 그 다음 날, 같은 시
간에 같은 천구에서 그 신비로운 펄스
는 또 다시 나타났다. 이는 이 정체 모
를 신호가 지구에서 온 것이 아니라 우
주에서 온 것임을 증명한다.

혹시 외계인이 지구를 향해 발사한
신호는 아닐까? 세계 언론은 이 문제에
지대한 관심을 보였다. 얼마 후 버넬은
이와 같은 신호를 보내는 천체를 추가
로 발견했다. 나중에 이 새로운 천체는
규칙적으로 전파를 발산하는 '펄서'로
알려졌다. 앤서니 휴이시는 천문연구팀

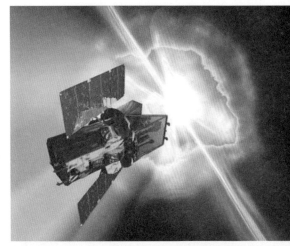

감마선 폭발GBR 현상을 관찰하기 위해 2000년에 발사된 스위프트Swift
관측위성. 1분 안에 자동적으로 감마선 폭발을 관측하며 지금까지 수백
회나 발견했다. 스위프트 위성은 감마선 폭발의 기원을 결정하고, 초기
우주의 모습을 규명하기 위해 최초로 발사된 다파장multiband '천문대'다.

을 이끌면서 펄서를 발견한 공로로 1974년에 노벨 물리학상을 수상했다.

안타깝게도 펄서를 최초로 직접 발견한 조설린 버넬은 수상자 명단에서 제외되
었다. 하지만 펄서를 발견하는 과정에 결정적인 역할을 한 것은 버넬의 꼼꼼한 연
구 자세와 치밀한 관측이었다는 점은 의심할 여지가 없는 진실이다.

성간분자의 발견

우주 공간의 별과 별 사이에는 원자 형태로 존재하는 성간물질
이외에 분자 형태로 존재하는 성간물질도 있다.

미국의 과학자는 1963년에 전파망원경을 이용하여 최초로 하이드로옥실(OH⁻,

게 모양의 펄서Crab Pulsar

수산화이온) 분자를 발견했다. 1967년에는 원자 4개로 이루어진 암모니아 분자(NH₃)와 물(H₂O) 분자, 구조가 복잡한 포름알데히드(HCHO) 분자가 발견되었다. 이때부터 많은 나라에서 대형 망원경을 이용하여 새로운 성간분자를 찾으려고 노력했으며, 이는 천문학자들이 과거에 주장했던 오류를 바로잡는 데 기여했다.

지금까지 태양계와 은하계, 그리고 외부 은하에서 암모니아 분자와 물 분자, 일부 유기 분자들이 발견되었다. 이미 발견된 성간분자로는 시안화수소(HCN), 포름알데히드, 시아노아세틸렌(C₃HN)이 있고, 이 세 가지 분자는 아미노산amino acid(염기성 아미노기 -NH₂와 산성의 카르복시기 -COOH를 가진 유기 화합물을 통틀어 이르는 말로 모든 생명체의 근본인 단백질의 구성단위이다.)을 합성하는 데 필수적인 물질이다. 따라서 우주 공간에는 아미노산이 존재할 가능성이 높다고 할 수 있다. 아미노산은 단백질과 핵산核酸(nucleic acid, 모든 생물의 세포 속에 들어있는 고분자 물질로 유전을 지배하는 중요한 역할을 한다.)을 구성하는 기본 물질이므로, 지구 이외 다른 곳에도 다양한 생명체가 존재할 수 있다.

지금까지 은하계에서 발견된 성간분자는 60여 종류나 된다. 성간분자의 물리적, 화학적 과정을 연구하면 지구에서는 얻을 수 없는 지식을 얻을 수 있으며, 이는 많은 천문학자에게 문제 해결의 중요한 정보를 제공할 것이다.

퀘이사의 도전을 받다

퀘이사quasar('준성準星', '준항성체準恒性體'라고도 함)는 1960년대의 유명한 4대 발견 가운데 하나로, 지금까지 발견된 가장 밝고 가장 먼 천체이다. 퀘이사라는 이름은 항성을 닮았지만 항성은 아니기 때문이며, 지금까지 수천 개의 퀘이사가 발견되었다.

최초의 퀘이사는 미국의 천문학자 앨런 샌디지(Allen Rex Sandage, 1926~2010)가 발견했다. 샌디지는 1960년에 당시 세계에게 가장 우수한 망원경을 이용하여 3C48(영국 케임브리지 전파천문대가 작성한 '제3전파성표'의 제48번째 전파원)이라는 이름의 전파원을 관측했다. 그러나 이는 전파은하가 아니라 항성이라는 사실을 곧 알게 되었다. 이 천체는 매우 어둡고 파란색을 띠고 있었다. 이는 천문학자들을 당황시켰다. 왜냐하면 이 천체의 스펙트럼은 매우 특수해서 성운인지 은하인지, 초신성의 잔해인지 그것도 아니면 전혀 알려지지 않은 천체인지 감을 잡을 수 없었기 때문이다.

1963년, 네덜란드 출신의 미국 천문학자 마르텐 슈미트Maarten Schmidt(1929~)가 3C48과 유사한 전파원 3C273을 발견했다. 슈미트는 3C273의 스펙트럼을 분석한 결과, 이 천체에는 지구상에 알려지지 않은 새로운 원소는 없었으며 보통의 수소 스펙트럼이 발견되었을 뿐이다. 하지만 다른 점은 수소의 스펙트럼이 장파長波 방향으로 일정 거리 이동해 있었다. 이렇게 스펙트럼이 빨간색 장파 방향으로 이동하는 현상을 천문학에서는 '적색편이赤色偏移(red shift)' 또는 '적색이동'이라고 한다. 천문학자 허블이 1929년에 발표한 법칙에 따르면, 적색편이의 크기는 항성계와 태양계 사이의 거리와 비례한다. 즉, 적색편이가 클수록 항성계에서 태양계까지 거리가 멀다. 그러므로 샌디지와 슈미트 등이 발견한 천체는 지구에서 수십억 광년, 심지어 수백억 광년이나 떨어져 있다고 예측할 수 있다. 바꿔 말하면 이들 천체에서 빛이 출

천문학자는 처음으로 거대한 블랙홀 주위를 회전하는 응축 원반(accretion disk(항성 주변에 가스, 먼지 등으로 이루어진 원반) 퀘이사는 극도로 밝고 거리가 굉장히 먼 기형의 천체이다. 퀘이사는 활동은하의 핵이라는 사실이 밝혀지고 있다. 그리고 보편적으로 인정받는 활동은하 핵 모형 이론에 따르면 은하계의 중심 위치에는 질량이 매우 큰 블랙홀이 있으며, 이 블랙홀의 강력한 흡인력으로 인해, 부근의 먼지, 기체, 일부 항 성의 물질이 블랙홀 주변을 돌면서 빠른 속도로 회전하는 거대한 응축 원반을 만들어낸다고 한다.

발했을 때 지구가 속한 태양계는 아직 태어나지도 않은 셈이다. 태양계의 나이는 50억 년밖에 되지 않기 때문이다.

슈미트의 이 업적은 퀘이사의 스펙트럼에 나타나는 적색편이의 수수께끼를 풀 어주었을 뿐 아니라, 새로운 영역도 개척했다. 따라서 일반적으로 퀘이사의 최초 발견자는 마르텐 슈미트라고 말한다. 그의 발견 이후 여러 퀘이사의 스펙트럼이 확인되었다.

하지만 더 놀라운 것은, 퀘이사의 속도가 상상을 초월할 정도로 빠르다는 점이 다. 1977년 이후 밝혀진 사실에 따르면, 슈미트가 분석한 퀘이사 3C273의 내부에는 두 개의 복사원輻射源(radiation source)이 있는데, 이들은 서로 분리되어 있으며 분리 속도가 빛보다 9.6배나 빠른 초속 288만km나 된다. 초광속超光速 퀘이사는

3C273 이외에도 몇 개 더 발견되었다. 인간은 지금까지 빛의 속도보다 빠른 물체는 있을 수 없다고 생각해왔다. 그러므로 퀘이사의 이동 속도는 사람들에게 충격적이고 불가사의한 도전일 수밖에 없다.

이 뿐이 아니다. 훗날 천문학자들은 퀘이사가 매우 강한 빛을 발산하며, 보통 은하계보다 수백 배에서 수천 배나 밝다는 사실을 발견했다. 그래서 퀘이사에는 '우주의 등대'라는 이름이 붙어 있다. 더욱 놀라운 사실은 퀘이사의 부피가 굉장히 작아서 지름이 일반 은하계의 십만 분의 일에서 백만 분의 일밖에 되지 않는다는 점이다. 어떻게 이렇게 작은 별에서 이처럼 거대한 에너지가 나오는 것일까?

이 모든 문제는 여전히 전 세계 천문학계의 수수께끼로 남아 있다.

우주배경복사의 발견

1948년 랄프 앨퍼Ralph Asher Alpher(1921~2007), 로버트 허만Robert Herman(1914~1997) 등은 빅뱅(대폭발) 우주론을 토대로 우주 공간에는 잔여 복사 물질이 가득하며, 그 온도는 수 K~수십 K로 극히 낮을 것이라고 예상했다. 그러나 그들의 예언은 그다지 사람들의 주목을 끌지 못했다.

1965년 미국 뉴저지 주 벨 연구소의 천문학자 아노 펜지어스Arno Allan Penzias(1933~, 빅뱅이론을 뒷받침하는 발견으로 로버트 윌슨과 함께 1978년 노벨 물리학상을 수상했다.)와 로버트 윌슨Robert Woodrow Wilson(1936~)은 아주 우연한 기회에 이 우주배경복사宇宙背景輻射(cosmic microwave background radiation)를 발견했다. 당시 그들은 기구 위성인 에코 위성으로부터 반사된 희미한 전파를 수신하기 위해 전파 간섭을 제거하는 일을 하고 있었

우주배경복사. 이는 우주 대폭발이 직접적으로 남긴 복사의 흔적이며,
우주가 우리에게 남긴 가장 오래된 신호의 하나이다.

다. 하지만 그들은 자신의 발견이 천체물리학에서 어떤 의미를 가지는지 당시에는
알지 못했다.

같은 시기, 벨 연구소에서 그다지 멀지 않은 곳에 위치한 프린스턴 대학에서는
천체물리학자 로버트 디키Robert Henry Dicke(1916~1997)가 이끄는 과학 연구팀이 독자적
으로 앨퍼와 허만이 했던 예상을 재발견했고, 대폭발이 남긴 잔여 복사 물질을 찾
기 위한 탐측기를 설계하는 일에 착수했다. 따라서 펜지어스와 윌슨이 쓴 논문이
발표되자, 디키 등은 이것이 아마도 자신이 찾으려는 물질임을 곧 알아차렸다. 예
상은 적중했다. 그 후 연구를 거쳐 우주배경복사의 온도는 2.7K로 수정되었으며,
현재는 '3K 우주배경복사'라는 명칭이 통용되고 있다. 대폭발 우주론에 따르면 태
초의 우주 온도는 100억 도 이상이며, 현재는 매우 차갑게 냉각되었는데 이는 랄
프 앨퍼와 로버트 허만의 예측과 매우 비슷하다. 이 우주배경복사의 존재는 빅뱅
이론을 뒷받침하는 강력한 증거이다.

마이크로파 구간에서 관측되었으며 열복사 스펙트럼이 있는 우주배경복사. 온도는 3K 정도로 극히 낮다. 이는 과학적으로나 심정적으로 대폭발 이론과 일치한다. 오늘날 대부분 과학자는 이 관측 내용을 사실로서 받아들인다. 하지만 은하계의 기원과 등방성^{等方性}(isotropy) 분포 등에 대해서, 빅뱅이론은 아직도 풀리지 않은 어려운 문제가 남아 있다.

천문학의 역사

초판1판1쇄 인쇄 2016년 1월 15일
초판1판1쇄 발행 2016년 1월 20일

지은이 장 신 운
펴낸이 임 순 재

펴낸곳 한올출판사
등 록   제11-403호
주 소   서울특별시 마포구 모래내로 83(성산동, 한올빌딩 3층)
전 화   (02)376-4298(대표)
팩 스   (02)302-8073
홈페이지 www.hanol.co.kr
e-메일 hanol@hanol.co.kr

값 16,800원 ISBN 979-11-5685-365-7